藍學堂

學習・奇趣・輕鬆讀

高效人生的清單整理術

一張清單做完所有事，
工作、生活、理財通通搞定

Listful Thinking

Using lists to be more productive,
successful and less stressed

寶拉・里佐 著　駱香潔 譯
Paula Rizzo

這本書獻給我的母親，她使我明白幸福就在身邊、不在遠方，還總是鼓勵我勇敢逐夢。無論達成夢想要寫幾張清單。

佳評如潮

打造和維持一顆「體外大腦」來處理生活大小事，是一種重要技能。有了它，你喜歡的生活型態才能長長久久。寶拉．里佐的這本書既幽默又實用，你無須再耗費心神記住一切，釋放更多腦容量給真正有意義的事情。

——大衛．艾倫（David Allem），暢銷書《搞定！》（*Getting Things Done*）作者

寫一張清單，劃掉上面的待辦事項，總是給人一種心滿意足的感覺。這本書將清單融入工作、居家和玩樂之中，使你減輕負擔、享受生活。

——茱莉．摩根斯坦（Julie Morgenstern），生產力專家兼紐約時報暢銷書《別再看時間的臉色》（*Time Management from the Inside Out*）作者

這是清單熱愛者引頸企盼的好書，我們需要它提供心靈撫慰。這本書實用、幽默、啟迪思想，鼓勵讀者藉由清單完成更多工作、享受更多樂趣。

——葛瑞琴．魯賓（Gretchen Rubin），紐約時報暢銷書《過得還不錯的一年》（*The HAppiness Project*）作者

電視製作人里佐是個清單狂熱者。書中描述了各種類型的清單，能讓生活緊緊有條，甚至改變你的人生。主要方法是，列出所有要做的事，無論事情多麼小。這點很重要，如此一來你的思緒不再紛亂，做事有效率並充滿成就感。對我來說這真的很有用。

——亨麗愛塔．維爾瑪（Henrietta Verma），《LJ評論》編輯

積極的改變者！

——塔拉．斯泰爾斯（Tara Stiles），舞蹈瑜伽創辦人兼《建立自己的飲食規則》（*Make Your Own Rules Diet*）作者

我非常肯定這本書可以滿足我整理和清潔的迫切需求。噢，我是對的。

——莎拉．羅素（Sarah Russell），《寄回發件人》（*Return to Sender, Letters to the World*）部落格主

遇到寶拉之前，我一直認為自己是名高效、能搞定所有事的女人。但是與寶拉相比，我似乎是個普通人。寶拉閃閃發光、清晰、充滿活力、專注。她就是那種你想要擁有的鄰居，因為她總是知道要問官員哪些問題，甚至可能在你上門尋求她幫助之前，問題就已經解決了。

——愛麗莎．鮑曼（Alisa Bowman），《從此過著幸福日子計畫》（*Project: HAppily Ever After*）作者

如果你身為人母，這本書很有用。如果你是名學生，也能從本書學會出色的組織技巧，這些技巧將有助於成績、學習，甚至多出幾個小時睡覺。

——艾瑞卡·卡茲（Erika Katz），育兒專家

我熱愛製作清單，然後我在寶拉·里佐創立的「清單製作人」網站，以及撰寫的書中，發現了一種志同道合的精神。

——瑪格麗塔 塔塔科斯基（Margarita Tartakovsky），「心理中心」（Psych Central）網站副主編

對於熟悉在最後一刻匆忙完成任務，或被大大小小任務壓得不知所措的人來說，這是一本完美的書。本書將教你學習，如何創建清單使生活變得更簡單的實用技巧。無論你要處理的事情為何，是開始新專案還是解決日常生活中的混亂，這本書都是人生至寶。

——菲爾·帕克（Phil Parker），幸福與健康心理學專家、《現在就擁有你愛的生活》（*Get The Life You Love NOW*）作者

寶拉．里佐為我們說明待辦清單的正確使用方式，她的建議既貼心又實用，為這個無比忙碌的社會提供了解決之道。這個方法直接了當、簡單有效，幫助我們一一擊破各項任務，不再對此感到焦慮。人人心中都有清單魂，為了擁有它，這本書你非買不可。

——瑪麗．查理曼（Mary Carlomagno），「掌控時間」（orderperiod.com）創始人、作者、活動達人、演說家

一天沒有二十五個小時，但是有本書。沒有「清單」，沒有今天的我！身為專業人士、父母和合作夥伴，優化時間是成功的關鍵。寶拉的做法就像現代版的清單，用於完成正確的事情。她的清單術有助於平息瘋狂情緒，並將精力集中在真正重要的事情上。你絕對需要這本書！

——阿黎．布朗（Ali Brown），企業教練

清單扭轉了我的人生。我是寶拉．里佐部落格的忠實讀者，這本書將成為我的日常參考書，使我的生活井井有條！

——芮達．約瑟夫（Reeda Joseph），《女友是救星》（*Girlfriends Are Lifesavers*）的作者

推薦序

零壓力只有創造力的整理術

茱莉．摩根斯坦（Julie Morgenstern）

不是人人都像寶拉．里佐一樣，天生擅長把事情整理得條裡分明。我不是這樣的人，外表或許看不出來，但井然有序絕對不是我的最愛，我喜歡亂七八糟。我是揮灑創意的右腦人，在未知與隨興裡才能綻放美麗的花朵。身為演員、舞者兼導演，我一直很崇拜那些條理分明的人，因為我不是這樣的人。

然而，沒有條理的生活使我長期處於緊繃狀態，無論做什麼事，我總是擔心自己可能忘東忘西。我的腦袋猶如跑馬燈似地，不斷播放我必須記住的每一件事，這使我無法專注於當下。每當腦海中浮現十件事時，我就會停下來告訴自己：「總有一天，我要變得井井有條」。但是老實說，我對「井井有條」感到害怕。

我覺得井然有序會壓抑我的創意，有損我既風趣又隨興的人格特質。我渴望當個有生產力、有組織的人，但我不想因此變得無趣。這時，我的人生有了突破。

女兒潔西（Jessi）的出生，徹底改變了我的人生。我錯過了第一次帶她出門散步的機會，因為等我把出門要帶的東西全部塞進媽媽包的時候，她已經睡著了。我恍然大悟，為了她，我必須發憤圖強。只影響我一人的時候，亂七八糟也無所謂，但現在我得負責照顧一個小人兒。

於是我決定好好整頓一番，就算會削減創造力也在所不惜。第一步就是為媽媽包裡的物品列一張清單，這樣只要有機會出門遊玩時，我可以迅速判斷包裡是否缺了什麼，並且立刻補上。我的孩子再也不會因為媽媽沒做好準備而錯失良機。媽媽包清單是個開頭，效果良好，於是我開始挑戰生活中的其他方面。我為每一個想整理的地方都列一張清單，然後一一整頓，隨著我的生活愈發井井有條，我觀察到一件有趣的事。

井然有序沒有壓抑我的創意，反而帶給我更多自由。我覺得自己更清晰、更自信、更專注，可發揮百分之百的實力，一切都在我掌控之中。想法很集中，而且可以採取實際行動。我需要的資訊都在唾手可及之處，這種成就感帶給我更多啟發，靈感源源不絕。

我確實做到了二者兼顧：既能維持條理分明，又能發揮創造力。我開始幫助那些，以前跟我一樣抗拒井然有序的朋友。我能體會，想到要列出待辦事項就頭皮發麻的感覺。別害怕，朋友，清單是掌控人生的第一步。把想法全數寫下來，你才能擁有選擇的自由，才能將注意力放在最重要的事情上，不再為隨機出現、無關緊要的小事而分心。

讓我用這張短短的清單列舉清單的好處：

- □不再焦慮和擔心自己可能忘東忘西。
- □力氣用來做事，而不是用來記事。
- □注意力放在真正重要的事情上（並且擺脫不重要的事）。
- □分派工作給他人會更輕鬆（從清單上勾選幾項給願意幫助的人即可）。
- □劃掉待辦事項可加深成就感。
- □將生活中的重要功能自動化，使你的人生更輕鬆自在。

曾經混亂散漫的我，現在已改頭換面，我可以告訴你，井然有序真的比較好。我跟寶拉初次見面時，立刻興高采烈地討論書櫃怎麼整理，還有劃掉待辦事項的感覺有多爽。

但寶拉的做法跟我還是不太一樣。她一想到任何待辦事項，就立刻寫進筆記本，她的帳單是依照字母順序歸檔。但這正是清單的美妙之處。任何人都能受惠，無論你是注重生產力的工作狂，還是比較注重創意的右腦人，清單都能適用。

每個人都不一樣，但只要掌握正確的工具，維持有條有理的生活絕對不難。讀寶拉的這本書，就像上了清單學習課。學會利用清單幫助自己，將是你這輩子學到最棒的生活打理技能。

沒錯，我確實有「整頓生活女王」的稱號，但我也沒那麼完美。在我處理新的挑戰與企畫時，或是當工作量膨脹到令我難以招架時，都會覺得生活一片混亂。幸好一張清單就能幫忙恢復秩序，把我拉回到中心點。提振生產力、效率與成功，是一條永無止境的學習之路。感謝寶拉寫了這本書，為我們指引方向。從小事開始試試看：只要一張清單在手，你也可以享有自由。

（本文作者為暢銷書作家，著有《別再看時間的臉色》（*Time Management from the Inside Out*）與❶《收納其實很容易》（*Organizing from the Inside Out*）❷等書。

❶ 簡體中文版由北大方正電子出版社於二〇一四年出版。

❷ 繁體中文版由時報文化於二〇一〇年出版。

靠清單寫出你的生活質感

Ada

在現代忙碌的社會中，很多人為了工作，常常花大量時間在做緊急卻不重要的事，而對於人生中不緊急但重要的事，卻忙得沒有時間去做。不僅如此，還為了處理瑣碎小事而搞得心情煩燥。對於這樣的朋友，身為清單控的我，一定要大力推薦這本《高效人生的清單整理術》給想要把生活過得井然有序的人。

我平時主要的工作是，專門處理煩雜瑣碎小事的行政助理，再加上斜槓的演講工作，以及下班後的進修，每天面對這麼多的事，要怎麼不慌不忙井然有序地處理完畢，全都靠清單的幫忙。擅用清單這個工具，我每天列出待辦事項及行程，依序逐一進行，做完便在確認方格內打勾。如此一來，便能輕易地完成事情，大腦更能聚焦於思考重要的事情上。

清單不只能理性地應用在工作方面，也可以發揮感性的一面，例如：把和朋友聊過的話題列成友誼清單；把平時獲得的資訊或是體驗過的感受列成清單；把生活中值得感謝的事列成清單等等。藉著書寫清單的過程，可以感受到自己心境的改變，也算是一種療癒心靈的過程。

誠如作者在書中所說，列清單有很多好處，例如：最常用到的待辦事項清單或打包行李清單等等，可以防止忘東忘西、把力氣和精神用來做事、不用特別記事而是將注意力放在真正重要的事情上面、養成專注大局的做事習慣、在完成工作後劃掉清單時，可以減輕焦慮增加成就感……，好處這麼多，怎麼能不好好利用呢。

當然囉，清單不只是用紙筆手寫，拜科技所賜，現在也有手機App可以使用，符合現代人的生活習慣。養成平時沒事寫清單的習慣，從清單中找到你想要的生活方式，拿回生活主控權。

（本文作者為暢銷書《筆記女王的手帳活用術》系列作者）

迫不及待想趕緊實踐的整理術

Muki

認識我的朋友都知道，我是個不折不扣的清單控，小至每日的待辦清單，大至遠程的十年規畫，只要是能條列化的，我都能做成清單。

清單之於我最大的好處，就是能讓大腦淨空，畢竟每天要處理的事情太多了，即使我們想要專心工作，周圍總是有各種人事物，時不時干擾著你，中斷你的思緒。所以我桌上會放一本A5尺寸的筆記本跟數隻筆，讓我可以立刻寫下腦海中一閃而過的想法，以及各種想做的事情。接著，我會趁休息時間將這些資料分門別類，整理成不同種類的清單，再根據時間歸檔，例如今年可實現的就謄寫到手帳上，遠程目標就謄寫到數位筆記中，方便以後查閱參考。

我和作者寶拉有一樣的想法，都認為清單可以減輕焦慮並提升專注力。舉個例子，假使工作時我一直想著「下班要去百貨公司買玩具」，就無法讓自己專心在工作上，如此一來會大幅降低工作效率。當大腦有了干擾你的人事物，就無法專心於「現在」的工作上，唯有將大腦清空（將擾亂你思緒的各種想法寫下來），才能心無旁騖地做好每一件事情。

寶拉提到「清單不是檢查表」，我很喜歡這個想法，二者的關連有點像是：檢查表只是清單的一部分。不光是檢查表，任何事情都能寫成清單，像是自己看過的電影、書籍，想要寫的部落格題材等等。先將腦海的想法寫下來，再開始判斷這些項目的重要性，刪除不重要的、重複的項目，去蕪存菁後，清單才能真正地發揮作用！

作者寶拉在本書的開頭，分享了自己對於清單的看法。接著，用自己的經驗告訴我們該怎麼使用這些清單，隨後的幾個章節，舉了非常多的範例，讓我慢慢了解到，原來清單也能分成如此多的種類！生活中隨處可見的想法，甚至你意想不到的項目，都透過寶拉的介紹，做成了各式各樣有意義的清單，看完這本書真是令我受益良多，從中啟發了非常多的想法，也讓我迫不及待想要製作一份專屬於自己的清單了呢。

（本文作者為哈囉沐奇創辦人及手帳達人）

清單，就是一連串行動的重要起點

趙胤丞

高效能時間管理著作在市場上一直有需求，我覺得這是很棒的開始，一來是現代職場工作者面臨到資訊量爆炸，二來是因為疫情使然。當在家工作（WFH）、在家學習（LFH）變成必要選項時，很多人會發現自己花費在溝通與解釋的時間爆增，因為辦公室面對面溝通變得難以執行，為避免短時間就精疲力竭，時間管理與遠距（Remote）工作術，更成為職場工作者立即需要上手的技術與技能。

這概念很多人都知道，只是執行卻不容易。如何有效把龐雜事情完成就是關鍵。寫清單，就是一個非常重要的開始！因為只要準備一張紙跟一支筆，你就可以寫清單了，非常方便又很直覺，而且也可以幫助我們聚焦注意力，透過行動產生成果，再透過成果產生回饋，進而養成良好習慣，良好習慣又能改善生活，就這樣形成了正向循環。所以說，寫清單就是一連串行動的重要起點！

寫清單可幫助我們減輕焦慮、快速建立成就感、做好備忘不遺漏，讓大腦專注在清單上的任務，而不是內心擔憂是否哪件事有遺漏，更能夠在有限時間做到高效能產出。

我熱愛寫清單管理自己的所有工作，我會在週日把一整週的工作規畫好，管理一個禮拜的待辦清單，讓我專注與運用時間的質量都有所提升。在我鑽研時間管理這領域時，發現重點不在法門，而是那背後如何「取捨」的思維！《高效人生的清單整理術》正是一本可以協助你開啟取捨思維的著作。本書我覺得非常適合職場人士閱讀的幾個理由：

□分解步驟教學：步驟拆解很清楚，有的步驟附有相對圖示，讓讀者更好吸收模仿。

□重點知識補充：作者對很多內容用心考據，像是3M便利貼發明歷程、蔡加尼克效應等。

□情境清單應用：書中非常多種情境清單，讓你面對問題有個依據，像是超市購物清單，我覺得很適合現在疫情嚴峻時期使用，寫清單想清楚，然後一次採購到位，就可以盡量減少不必要的實體接觸風險。

若你想提升自己工作效能產值，就請先從寫清單開始吧！誠摯推薦《高效人生的清單整理術》。

（本文作者為《拆解心智圖的技術》、《拆解考試的技術》與《拆解問題的技術》作者、知名企管講師、振邦顧問有限公司負責人）

前言

我的清單人生

嗨，我叫寶拉．里佐，我有清單狂熱症（glazomania）。線上字典（Dictionary.com）說，這種病的症狀是熱愛製作清單。線上百科（Encyclo.co.uk）的定義則是「對製作清單有一種異於尋常的迷戀」。沒錯，我對清單上癮。

跟一般人比起來，我的焦慮感肯定比較輕微，這都要感謝清單。把清單上的待辦事項一一處理掉當然也會帶來焦慮，不過我有辦法解決。我住在紐約市，是個曾獲美國表彰電視工業傑出人士和節目的艾美獎（Emmy Award）肯定的電視製作人，天天被各種期限追著跑。我的事業家庭兩得意，清單功不可沒。清單給我方方面面的協助，例如提高工作完成度、規畫景點婚禮、找房子等等。

我一直都有製作清單的習慣：

□該做的事。
□想去的地方。
□節目創意。
□想嘗試的App。
□想看的書。
□要規畫的活動。

清單派得上用場的地方太多太多。我甚至還為碰到尷尬場面該說什麼、選購內衣時該說什麼列了清單，還有說哪些話可逗笑別人的清單。我發現盡可能為生活中的每一種情境做好準備，更能夠輕鬆維持效率。我知道不是人人都像我一樣，非得寫一張清單，或是把一件事調查透徹不可，但是說不定你也是這樣的人。這是我決定寫這本書的原因：幫助你取回生活的掌控權，不要忙亂到喘不過氣。

事情太多想逃避嗎？

我向來害怕改變。念小學的時候，我討厭換新老師，也不喜歡換座位，因為我對已經熟悉的人事物心存依戀。所以當我老公傑伊（Jay）提議我們從皇后區的森林小丘（Forest Hills）搬去曼哈頓的時候，我的反應一如往常：拒絕溝通，提案無效。我心想：「我們為什麼要搬家？現在的家很棒！」改變很嚇人，充滿未知，我必須非常努力才有辦法接受改變。

上東城、東中城、蘇活區、金融區、東村、格拉梅西（Gramercy）……，曼哈頓有那麼多區，我們可以看房子的時間卻那麼少。曼哈頓各區在租金預算內的房子，我們都去看過了。但每次踏出地鐵F線的車廂，走出森林小丘站，回到原本的公寓之後，我早已忘記剛才看過的公寓有幾個衣櫃、有沒有供暖空調，甚至連在幾樓我也記不得了！有些租屋廣告的資訊並不完整，例如沒有照片，提供格局平面圖的更是少之又少。我平常是個精神專注、頭腦清晰的人，但不知道為什麼，找房子這件事讓我頭暈腦脹。為此我很震驚，但後來我找到答案了。

清單為你減輕負擔

有個屢試不爽、非常適合我的方法，我卻沒有拿來用：清單！經歷幾次失望又沮喪的看屋經驗之後，我決定像工作的時候一樣，寫一張確認清單。我是一個在紐約工作的電視與網路節目製作人，我製作的健康新聞除了在棚內錄製，也會出外景。我的工作內容包羅萬象，包括構思主題、進行訪談、邀約來賓、向主播說明新聞內容、記錄各則新聞的時間長度等等。我發現，只要把助我事業成功的工具和技巧拿出來用，肯定能找到完美的房子。

製作節目時，我會使用清單、檢查表跟流程表來掌握各項安排。於是我把看屋的注意事項也寫成清單：地點、樓層、景觀、硬木地板或地毯、衣櫃數量、使用坪數、房間跟廁所的數量、洗碗機、洗衣房、門房等等。這張確認清單成為我們的看屋流程表。我和傑伊每次踏進一間新房子，就會拿出清單逐項確認。清單使我們專注於當下最重要的事，所以當我們結束看屋之後，手上已有做決定需要的所有資訊。

製作人運用清單思維工作

這張確認清單跟我在工作時的拍攝日程表很像，幫助我在看屋時保持專注，也知道看屋結束後會取得哪些資訊。出外景為影片取材時，我會把必須提出的問題和拍攝的畫面，詳列在清單上。

拍攝前一天，我會坐在辦公桌旁，在腦海中把整場訪問從頭到尾走一遍。我會想像具體的流程，例如先訪問醫生，然後拍攝醫生與病人同框的診斷畫面，然後訪問病人。我深思這則新聞的目的，列出要問醫生跟病人的問題，這樣就不會有該問的問題被我遺漏。

無論出過幾次外景，這項準備工作我一定會做。天有不測風雲，稍有閃失可能得付出慘痛代價。對電視圈的人來說，沒有拍到關鍵畫面是最糟糕的情況。剪接師再怎麼厲害，沒拍到醫生治療病患的關鍵步驟，這則新聞就完了。

出外景難免會發生計畫以外的事情，例如訪問到一半，醫生突然被叫去看某個病患，或是碰到其他突發狀況，但只要手上有確認清單，我就可以知道剛才訪問停在哪裡，以及收工之前還需要取得哪些素材。

拿著確認清單看屋，回到家之後我和傑伊只要把清單全部攤開，就能直接跟其他物件做比較。我們因此在東村找到一間超棒的公寓，在那裡快樂地生活了四年。

「清單製作人」網站誕生

搬新家一個月後，我的一位朋友也開始找房子。她說自己找房子找得亂七八糟、心力交瘁，跟我要了「你們當初用的那張清單」。我把那張看屋確認清單送給她，後來這張清單也幫助她找到完美公寓。她看屋時有個男房仲看到那張確認清單，也跟她要了一份，他認為用清單看屋是個絕妙主意，他想把清單分享給客戶，幫助他們看屋時保持專注，不會浪費時間提出錯誤的問題。我朋友跑來告訴我：「我覺得你的清單大有可為。」

二〇一一四月，我成立了「清單製作人」網站（ListProducer.com）。這個網站的主題是提高生產力，除了跟網友分享各種清單和提高效率的技巧，也會精選我從各領域專家身上學到的觀念。我把這種思維稱為「清單式思考」，適用於生活中的各個層面，幾乎所有情況都能派上用場。無論面對哪種問題，我都希望這個網站能幫助你提升效率和生產力，並且為你減輕焦慮。

對清單製作人網站有興趣的讀者，請掃QR Code。

清單式思考

以下是這本書的功用：

□無論是工作或居家生活，都幫你提高生產力和效率。

□提供新的策略，改掉糟糕的清單習慣。

☐空出更多時間做自己真正想做的事。
☐教導你如何把任務外包出去，不必把每件事都扛在身上。
☐介紹整理人生的實用App、服務與網站。
☐讓你變成送禮達人、派對達人，做任何事都更投入，因為你將擁有更多時間。
☐減輕焦慮。

先設定目標

這件事太重要了。設定目標之後，你會大大鬆一口氣，但在那之前，我要給你一個功課：列出你想從這本書裡學到的三件事情。你的目標可以是前面提過的例子，像是「更加井然有序」，也可以自己另外想，這由你自己決定。我會在接下來的章節裡，用一張又一張的清單帶領你達成目標。

拿免費好康

希望這本書能幫你找到動力，完成更多待辦事項。我知道有時候提起幹勁不容易，所以我要幫你一把。我設計了一套工具，能成為你的最佳助力，裡面有一些小獎品可幫助你維持專注、達成目標。

有興趣的讀者，請到掃描QR code免費下載。

1

☑ 清單有什麼用途？

流行歌手瑪丹娜、披頭四樂團主唱約翰．藍儂、鄉村歌手強尼．凱許（Johnny Cash）、生活家事達人瑪莎．史都華、脫口秀主持人艾倫．狄珍妮絲、美國開國元勳班．富蘭克林、美國前總統雷根、文藝復興博學家達文西、發明家愛迪生，這些人有什麼共通點？

他們都有製作清單的習慣。這些成功人士和許多執行長、忙碌的創業家一樣，都使用清單管理自己的想法、思緒與任務。

求職社群網站領英（LinkedIn.com）最近做了一項調查，發現六三％的專業人士會將待辦事項列成清單。當然，他們使用清單的方式是否正確另當別論。事實上，這一項調查也發現列清單的人之中，只有十一％表示自己順利完成清單上的一週待辦事項。

拿回生活的掌控權

每個人都嫌時間不夠用。無論是工作、家庭還是社交生活，我們要做的事情永遠也做不完，就算在一天之中找到足夠的時間把該做的事做完，之後好像也很難找到時間放鬆一下。難怪有這麼多人壓力山大、焦慮爆棚、疲憊不堪。

根據家庭與工作研究所（Families and Work Institute）的一項調查，美國受薪階級超過半數覺得生活難以招架。待辦清單寫得愈來愈長。他們一天的待辦事項可能是這樣：

□完成公司的企畫案。
□送小孩去上舞蹈課。
□打掃車庫。

□找新工作。

□規畫假期。

□跟朋友碰面喝一杯。

□等等……。

☑你知道嗎？

愛用清單的名人

瑪丹娜坐在加長禮車上兜風、在表演之間趕場或是出門辦雜事的時候，都會列清單。她的清單上有待辦事項、待買物品、會面的約定、聯絡資訊等等。她的清單在拍賣會上以數千美元成交。

競標資訊，有興趣讀者請掃描QR code：

採用清單式思考的時候到了

很多人都希望自己活得更成功、更有錢、更快樂、更健康，但他們就是做不到，於是他們錯怪到運氣不好、生活太忙、資源有限等等原因上。其實只要拿起一張紙（或打開一個App），人生就可以煥然一新，很容易，人人都做得到。

想在人生的任何一個領域做得更成功，你需要的不是願望式思考，而是**清單式思考**。這可不是俏皮的文字遊戲，清單式思考極為有用，聽我娓娓道來。當你把目標白紙黑字寫下來的那一刻，這件事就成了你的責任，無論目標是去超市買雞蛋，還是寫一本書，主旨都一樣，那就是過上**你想要的人生**（以及劃掉那一個待辦事項）。

有五四%的人覺得自己天天窮忙，如果你也是這樣，請聽我說：你不一定要過這樣的日子。你可以找到時間休息、看一本好書、做自己喜歡的事，只要掌握清單式思考，你可以重新主宰自己的人生，因為用「小目標」的方式思考，會比一個龐大的目標更加容易。

寫一張清單，待辦事項、規畫活動、解決問題與處理任何任務，都會變得簡單許多。我會教你：

□用清單幫助你完成更多事。
□節省時間。
□更井井有條。
□更有生產力。
□節省金錢。
□紓解壓力。

□工作順心，家庭和樂。

清單的好處多多

清單不但能幫你達成目標，也能記住事情，使你過得更平衡、更從容。我們都有類似的經驗，去外地旅行回到家才發現牙刷不見了，或是去服飾店一趟卻沒買原本要買的黑色長褲。如果你有寫下來，可能不會忘。（好吧，有時候就算寫了還是會忘，但寫下來總是比較記得住。）清單也能紓解壓力、完成目標和拯救人生，甚至節省時間跟金錢，因為面對任何狀況，你心中都早有準備。

無論有沒有寫清單的習慣，這種低科技工具都能讓你受惠。清單能把最不清楚的腦袋變得條理分明。關鍵在於提早準備以及用心。

清單的力量

「你會成為你相信的模樣（You become what you believe.）」一直是我的座右銘，這都要感謝歐普拉。我是歐普拉的忠實觀眾。十三歲的我對《歐普拉秀》（*The Oprah Winfrey Show*）非常著迷，所以決定寫信給我的偶像。我收到一封有歐普拉正式信頭的回信，裡面還附了一張簽名照。信的內容在左頁。

那封信裡說：「時間有限，我無法回答你所有的問題。」我想必像個「小記者」一樣，對她提出一大堆問題吧！

總之，「你會成為你相信的模樣」是歐普拉的名言之一，但這句話她也是

OPRAH

THE OPRAH WINFREY SHOW

May 10, 1993

Dear Paula,

Thank you for taking the time to write to me. Although time does not permit me to answer all your questions, please know I enjoyed reading your letter and hope that you are working hard in school. Keep up your grades. Excellent grades are the key to great success.

Again, thanks for writing and watching The Oprah Winfrey Show.

Kind Regards,

Oprah Winfrey

OW/mm

歐普拉的回信：

一九九三年五月十日

親愛的寶拉：

謝謝你特地寫信給我。時間有限，我無法回答你所有的問題，但你的信我看得很開心，希望你在學校能好好用功。要維持好成績。好成績是邁向成功的關鍵。

再次感謝你寫信給我，也謝謝你收看《歐普拉秀》。

祝安，

歐普拉・溫弗蕾

你知道嗎？

八句我最愛的歐普拉名言

歐普拉教了我很多事，例如付出、專心聆聽、努力追求目標。我從小看她的節目長大，她一直是我人生的一部分，後來更成為我的人生典範。

1. 你會成為你相信的模樣。
2. 面對別人呈現的形象，第一次姑且信之。
3. 受傷不打緊，要讓傷口凝結成智慧。
4. 沒錢你也願意做的事，就是令你成功的事。
5. 我相信每件事的發生都有原因，儘管我們當下還沒有看清原因的智慧。
6. 只跟能提升你的人為伍。
7. 愈能明事理，表現才會愈好。
8. 我不相信失敗的存在。只要享受過程就不是失敗。

從黑人女作家瑪雅．安傑羅（Maya Angelou）借來的。這句話是我最喜愛的人生感悟，而且真實無比：只要相信，就能達成！

因此，把目標設定好，執行起來會簡單許多。你會變得：

□有責任感。

□有動力。

□將目標銘記於心。

書寫本身就有力量。加州多明尼加大學的蓋兒．馬修斯教授（Gail Matthews）發現，把目標寫下來，達成目標的機率會高出三三%。

這個原則適用於簡單任務，例如買牛奶，也適用於複雜任務，例如找工作或是跟親友討論困難的事。清單把你變成更好的自己，一個更有條理、更有決心的你。任務不分大小和性質，清單都能帶來一樣的好處。以下列出幾個清單的好處。

1. **清單可減輕焦慮**。你有沒有說過：「我有那麼多事要做，怎麼做得完？」清單能幫你消除這些恐懼。當你把待辦事項寫在紙上（或手機裡），就等於把它們從腦袋裡挪到紙上，壓力指數直線下降。

此外，人都是健忘的。這是真的，成年人的專注力平均可維持十五到二十分鐘，所以我們勢必會忘記一些該做的事。但我們也可以一個不落全部記住，想到什麼，立刻寫在顯眼的地方：冰箱門上的寫字板、書桌上的便利貼、一封電子郵件或手機的行事曆。我想到任何該做的事就會立刻寫下來，否則肯定忘記！只要動手做其他事，剛才的想法立刻消失。花幾秒鐘寫下來，可為你省下不少時間與煩惱。

2. **清單可提振腦力**。寫清單會用到大腦裡不常用到的部位。在你規畫生活的同時，你也在鍛鍊大腦，保持耳聰目明。記憶專家辛西亞．葛林博士（Cynthia Green）曾為我的部落格撰寫了一篇文章，說明清單如何拯救大腦。她寫道：「記憶工具，例如清單，會強迫我們將注意力集中在必須記住的資訊上。這些工具把資訊放在有組織的架構裡，藉此為資訊賦予意義。」

3. **清單可提升專注力**。清單像地圖，時時提醒你目的地在哪裡。用這工具來提升專注力，對人生的每個層面都有幫助。你會發現自己效率變高，所以有時間做真正喜愛的事。
生活忙碌使人愈來愈難維持專注力。你有沒有在打算寫電子郵件給客戶或朋友時，因為打開另一封電子郵件而忘了寫原本那一封？結果第一封信還沒寫，就開始寫第二封，此時老闆打電話給你，或是孩子開始哭鬧，或是快遞按門鈴……，啊！你懂吧？清單能引領你回到被打斷的任務上。如果你必須回信給約翰，但此時老闆打電話過來，請把約翰寫在清單上：「寫信給約翰」。你跟我都知道，跟老闆講完電話之後，又會有別的事冒出來搶奪你的注意力。寫下來很簡單。這方法看似愚蠢，卻有出奇有效。

4. **清單可加強自信心**。我最喜歡劃掉待辦事項的感覺。這個動作有一種神奇的成就感，有時候我甚至會把已經完成、但不在清單上的事情也寫上去，然後一筆劃掉！我的自信心隨之升高，人也變得更有動力和生產力。知道自己具備完成任務的能力，會使你想要完成更多任務。記憶專家葛林博士指出，清單讓人有一種操之在我的感覺，這種積極向上的生活態度，讓我們充滿力量，完成的任務愈多，使你愈發覺得自己是個有執行力、有才能的人。

5. **清單可整理思緒**。有時面對艱難的決定，甚至是規畫假期的時候，我會把所有的想法都寫下來。寫好清單，思考每一個步驟，能幫助我達成目標。面對即將發生的事，我好更有心理準備。用清單清除大腦裡的紛雜思緒，你的想法會變得更乾淨。

6. **清單使你胸有成定**。美國女童軍的官方座右銘是「隨時做好準備」（Be prepared），這句話頗有幾分道理，雖然我沒當過女童軍，卻將這句話謹記在心。我手邊隨時準備好零食、一張紙跟一枝鉛筆，你無法預料自己何時用得上它們！生活中的大小事也適用這個原則：做好準備。無論是找房子還是找工作，我們都需要清單來掌握輕重緩急。

清單與檢查表的功能差異

這兩個詞經常混用，但清單和檢查表完全不同。清單可以列出待辦事項、正反優劣，甚至可以列出你欣賞另一半的地方。檢查表不一樣，它是清單的一種形式，是用來完成任務的保障。千萬別小看檢查表，一張表能預防各種錯誤。

生產力小提醒

不亂接電話！

讓你分心的事情最糟糕，一分心，生產力立刻大打折扣。我有個小撇步，能讓你維持一整天的生產力，那就是永遠、永遠、永遠只接事先約好的電話。

除非我知道是誰打來的，或是事先約好，否則我絕對不接電話。我知道這聽起來很刻薄、很沒禮貌，但是只要一接起電話，你就會分心，對吧？原本你正在忙自己的事，現在卻要跟這個人講話，對方或許是跟你一起進行專案的同事，這通電話或許很重要，但還是打亂了你今天的計畫。現在你被迫做計畫以外的事情，接電話前正在做的事卻落後了十步。正因如此，我會跟對方約好通話時間。這是我的堅持。因此當非預約的電話響起時，我不接。

請試試看！這能幫你順利度過一整天，我保證。

案例：防患未然

我在電視圈的第一份工作是，五十五頻道的WLNY-TV公司，位於長島。（八卦：我跟老公就是在這裡認識的。）有天晚上，電視台發生了一件遺臭萬年的醜事，只因為一個完全可以避免的愚蠢錯誤。

那一晚當家主播正在休假，所以晚上十一點的新聞請記者代班。白天我們是實習生兼文字記者，晚上則要負責剪接錄影帶（對啦，那是錄影帶的年代）、處理讀稿機，還要操作攝影機。那悲慘的一晚，時鐘走到十一點，一號攝影機的紅燈亮起，我們開始直播。

代班主播完美開場後，按照腳本轉向三號攝影機，準備報導下一則新聞。但是，什麼也沒有！糟了！這是每一位主播的噩夢：沒有讀稿機。代班主播講話坑坑巴巴，低頭看著手上的稿子。她用盡全力故做鎮定，但是她自己、觀眾和製作團隊的每一個人都知道，代誌大條了。

那天晚上我們開了「檢討大會」，討論這集節目的優點、缺點，以及慘不忍睹的地方。代班主播把操作攝影機的人罵得狗血淋頭，場面實在尷尬。原來那天操作三號攝影機的實習生（不是我！）忘了打開讀稿機。老天，這一忘就忘出悲劇。

隔天新聞部主任發了公告：「在棚內操作攝影機之前，每個人都要先填檢查表！」你應該能夠想像，此話一出大家都是一邊翻白眼一邊哀號。但我們還是照辦了。我在那裡工作的兩年期間，每一場節目開播之前，每一個操作攝影機的人都填了檢查表：

□打開讀稿機。

□調整鏡頭角度。

□調整阻尼鬆緊。

□對焦。

□檢查耳機。

這些事情都很簡單，卻很容易因為分心而少做一樣。我們都知道，這樣的錯誤可能釀成慘劇。

檢查表宣言

各行各業的人都能受益於清單的小小協助，例如飛行員跟醫生使用清單早已行之有年。波士頓布萊根婦女醫院的外科醫生葛文德（Atul Gawande）指出，飛行員除了起飛前的檢查表之外，也有飛行中突發狀況的危機檢查表。看似沒必要，因為飛行員都是熟知操作的專業人士，但簡單的步驟卻很容易遺漏，尤其是承受壓力的時候。檢查表幫助他們記住容易被遺忘的簡單步驟。

基礎飛行訓練

十三是一個神奇的數字。飛行員從坐進駕駛艙到抵達目的地，大概會使用十三種檢查表。告訴我這件事的人是派翠克．史密斯（Patrick Smith），他是駕駛商用客機二十幾年的飛行員，也是《機艙解密》（*Cockpit Confidential*）❶一書的作者。他說各家航空公司使用的檢查表內容與名稱都不太一樣，但所有的檢查

❶繁體中文版於二〇一七年由行路出版社出版。

表都為每一段航程提供了，從起飛前到降落後的指引。「我無法想像沒有檢查表該怎麼飛行，我的意思是，檢查表就是如此根深蒂固在飛行員心中。沒有檢查表，感覺就像沒穿衣服，」史密斯說。

受過訓練的飛行員會記住重要的步驟，但有時候他們必須查閱《快速檢索手冊》（*Quick Reference Handbooks*），裡面有各種特殊狀況的應對方式。「這本手冊非常厚，裡面有幾百種檢查表，可用來應付異常情況。有些檢查表跟飛機的功能有關，如果碰到緊急情況或系統故障，趕緊打開手冊，它引導你的方式更像是一張『操作步驟』清單，」史密斯說。

我的工作雖然不涉及生死，但每次出外景我也會使用檢查表。我在前面提過，拍攝前幾天我會在腦海中把訪談流程走過一次，寫下我想問的問題。我的每一場訪談第一句話都是：「請問你叫什麼名字？怎麼拼？」儘管如此，我還是會把「姓名／年齡／職業」寫在問題清單的最上方，我不想費勁提醒自己不要忘記這件事。我也會把出外景時想要拍攝的每一個畫面都先寫下來。雖然這份工作做了很多年，對我來說似乎駕輕就熟，但製作檢查表仍是我堅持的步驟。我可不想在碰到突發狀況的時候，把最簡單的任務都給忘了。

「事小不等於不重要。」——派翠克．史密斯

葛文德醫生與世界衛生組織合作，推廣讓全世界的醫院都使用檢查表，因為他們了解到，飛行員和高樓建築工人都因檢查表而受益。他的團隊在二〇〇八年製作了一張有十九個項目的檢查表。半年後，有八家參與研究的醫院回報，重大術後併發症的發生率下降了三六％。

新罕布夏州的外科醫生羅斯貝里（Christopher Roseberry）是微創手術的專家，我請教他在手術室使用檢查表的情況。他回電子郵件跟我說：「一張簡單的檢查表，能使術前的準備流程變得輕鬆，我們執行SCIP措施的成效也提升到將近百分之百。（SCIP是手術照護改善計畫的縮寫，這是美國疾病管制中心自二〇〇三展開的計畫。）事實上，離群值是那些進了手術室才發現病歷表裡沒有附上檢查表的病患。有了這張檢查表，不可靠的記憶不再構成威脅。」

看吧，檢查表確實有用！

清單不是只能用來買菜

二〇一一年四月，我開始寫部落格「清單製作人」。從那時起，我漸漸發現清單除了用來做決定、幫助採買和記住待辦事項之外，還有其他用法。清單也能用來療癒心靈、促進健康、獲得成就感及充實自我。

九一一事件發生後，《輕裝上路》（*Only Pack What You Can Carry*）的作者珍妮絲．荷莉．布斯（Janice Holly Booth）望著鏡子，發現她不喜歡鏡子裡的自己。她跟許多人一樣，眼睜睜看著電視轉播美國史上最嚴重的恐怖攻擊，於是她開始審視自己的人生。「我知道自己是個愛批判的人。雖然沒有惡意，但我習慣批判。一旦開始批判，你就已經走上錯誤的那條路，」她坦言。

珍妮絲是北卡羅來納州一個女童軍分會的執行長，她從同事跟朋友口中了解到自己雖然是個好人，但有時候很嚴厲、頑固、目中無人。珍妮絲說聽這些話使她氣到發狂，也覺得非常受傷，因為她不認為自己是這樣的人。不過，她決心改變。「我知道自己傷得很深，必須幫自己療傷。但是我不知道該怎麼做。我只會做一件事，那就是列清單。」珍妮絲說，那張清單救了她一命。那不是一張待辦清單，而是一張改變清單。

這只是清單改善人生的其中一個例子，這樣的例子很多很多。清單可以發揮指引的作用，帶領你完成任何事。

清單療法

寫清單有一種療癒和鎮靜的效果，把想法從腦袋裡拿出來，放在顯眼的位置上，這能減輕我們非要記住一件事的壓力。寫在紙上也好，存在手機裡也好，你都不需要記住這件事。

心理學家與精神科醫生經常建議病患寫清單來排除焦慮。面對困難的決定時，用清單呈現一件事的好處與壞處也極為有用。「把事情在大腦裡歸檔、儲存、整理都很費腦力。我認為我們低估了思考是一件多麼辛苦的事，」亞特蘭大的精神科醫生兼心理治療師崔西・馬克斯（Tracy Marks）說。我們都知道這種心理壓力會對身心造成影響，例如失眠、肩膀緊繃、情緒起伏等等。馬克斯醫生說，寫清單就像「開通一條水管，能讓部分累積的壓力流洩出去。」

維持壓力的平衡對身心健康至關重要。「人類系統無法長期承受高壓或刺激。它就是做不到，」《壓力狂》（*Stressaholic*）的作者海蒂．漢納（Heidi Hanna）說。「凡事都應該有個節奏，若像停止跳動的心臟一樣，那就死定了。」

清單無所不在

人類社會充滿各種清單：

□脫口秀主持人大衛．賴特曼（David Letterman）的「十大排行榜」。
□暢銷書排行榜。
□賣座電影排行榜。
□名人身價排行榜（我心愛的歐普拉經常排第一）。
□冷知識清單。
□搬家檢查表。
□看醫生的問題清單。

任何事都能寫成清單，以各種清單為主題的網站和部落格也很多（例如我的「清單製作人」）。清單除了既實用又熟悉的格式之外，還有一個重要功能，無論目的為何，清單都能使你在處理任務時保持專心、動力、條理分明，確保任務順利完成。空間整理服務公司dClutterfly的老闆崔西．麥可賓（Tracy

McCubbin），同時也是收納專家說：「人類是習慣的動物。我們會想辦法把事情變得愈輕鬆愈好。我知道有人覺得寫清單很龜毛，是A型人格的人才會做的事。但我可不這麼想，清單為我帶來自由，」

☑你知道嗎？

大衛．賴特曼一九八五年推出第一個十大排行榜，主題是「跟豌豆（peas）壓韻的十大英文單字」。

2

☑同樣是清單，作用大不同

幫助你記住待辦事項或待買物品，是清單最簡明的目的，但更重要的是，清單應該像一張路徑圖，作為你採取行動之前的起點。我已經說過自己有多愛清單，因為清單使我專注在正確的路徑上。但是你可以製作的清單，可不只有上述這幾種。

好的、壞的和難以決定的利弊清單

你這輩子做的任何決定，幾乎都是利弊相依：

□買房子。

□換工作。

□生小孩。

□度蜜月。

這四件事都涉及重大考量，需要深思熟慮。歡迎「利弊清單」登場。當你心中的困惑沒有明確答案時，寫一張利弊清單最有用。我通常一次只比較兩件事，超過兩件可能會把我搞得更加困惑。

「當你不得不列出各項利弊得失的時候，你會深入思考各種可能性。這些可能性要全部塞在腦袋裡，肯定會有漏網之魚，」亞特蘭大的精神科醫生兼心理治療師崔西．馬克斯說：「我們思考時很容易化繁為簡，例如『這工作真棒，因為我可以在家工作』，但是你沒考慮到上班會有公司幫你付健保費等等的各種好處。」

以下幾個訣竅，能教你如何製作一張，既能減輕壓力又能更快找到答案的利弊清單。

1. **紙筆手寫或數位輸入**。我個人偏好用紙筆寫清單，但是寫清單的App與科技我也愛。如果碰到喜歡的紙質，我比較有可能坐下來為最困難的決定列一張利弊清單。我也會在網路上買可愛、有著空白利弊清單的筆記本，目前已用過幾次。當然你也可以拿一張普通的紙，對折，然後一半用來寫優點，一半用來寫缺點。用什麼紙效果都一樣。數位方法也是如此。

2. **開始動筆**。每當我初次思考一件事的利與弊時，都會先把心裡想到的點全部寫下來，就算看似無關緊要的細節也不放過。假設你有一個工作機會，那份工作的辦公室牆壁是綠色，而綠色是你最喜歡的顏色，就把這件事放在「利」的那一邊。先寫下來，之後再整理。至於利弊要各列多少項，隨你高興，沒有硬性規定。

進行這個步驟時，請使用「記者思維」。我記得這輩子第一次上新聞課是在高中，老師教了「五個W」思考原則：

□什麼人？（Who）
□什麼事？（What）
□在哪裡？（Where）
□什麼時間？（When）
□為什麼？（Why）

寫利弊清單時，心中要記住這幾個細節。你必須先考慮客觀的事實，盡量不要在利弊清單裡加入太多主觀意見。把客觀的細節寫好寫滿，然後再決定輕重緩急。

3. **修改清單**。所有想法都寫下來之後，接著要判斷重要性。你想買的公寓緊鄰交通繁忙的雙向道，你介意嗎？如果介意，把這一項挪到「弊」。一項一項從頭再看一次，刪除不重要的因素，以及不會影響決定的因素。如果剛才寫的綠色牆壁不會左右你的想法，就把它劃掉。如此去蕪存菁一番，這張清單才能發揮作用。還有，把類似的因素整合成一項，這樣清單才不會過於冗長。

4. **沉澱一夜**。修改出最終版之後，先把它放下，讓大腦休息。長時間盯著某樣東西，思路很難保持清晰。放下清單，明天再看。明天回來之後，你會用截然不同的角度看它。

5. **打分數**。清單上的「利」有五項，「弊」有三項，並不代表這件事「利多於弊」。每一項因素都要細細思量，想像生活裡有了這項因素會怎樣。有需要的話，就去查查資料，或是找人詢問。別忘了，對別人來說沒什麼大不了的事，對你來說可能很重要。考慮現實之餘，也要忠於自己的感受。

難以抉擇時，請試著針對令你游移不決的利弊因素，根據這些因素的理性程度與感性程度一一打分數（例如滿分五分你給幾分？）。全數打完分數之後，再計算出結果。你不一定要靠分數做決定，但這是不錯的練習，能教你如何仔細評估每一項因素。

6. **找人聊聊**。若你就是很難下定決心，可以跟朋友、另一半或同事聊聊。三個臭皮匠，勝過一個諸葛亮。對方說不定還能看見你沒想到的好處與壞處。

用清單打包行李

旅行前用清單協助打包，有兩個基本原因：

1. 你一定會忘了帶某樣需要用到的東西。
2. 省錢。

這兩個原因超級重要。千里迢迢來到熱帶島嶼才發現忘了帶泳裝，肯定很掃興。當然度假飯店的禮品店八成有賣，只是價格貴得離譜，你怎麼買得下手？真是既浪費錢，又浪費時間。

說到錢，根據美國運輸統計局的數據，二〇一二年美國規模最大的幾家航空公司，靠行李託運就賺進三十五億美元。沒錯，是「三十五億」。每件行李二十五美元的託運費，累積起來可不得了。假設你們一家三口每年至少度假一次，託運費就是二十五乘以三，等於七十五美元。也就是說，你們還沒開始玩就已經花了七十五美元。七十五美元可以用來幹嘛？我立刻就能想到上美容院、做指甲、買雙新鞋都很不賴。

這跟行李打包清單有什麼關係？旅行前的規畫與準備，能減少行李中「以防萬一」類的品項，你可以只帶真正需要的東西就好。如此一來行李就會減量，為你省下託運費。道理很簡單，做起來可不容易。這需要一點事前規畫和自律，但只要試過一次，你肯定會愛上它。我的打包策略是：每趟旅行都寫一張新的打包清單。有些人會用同一張「常用旅行物品」清單，但我喜歡寫一張專屬於這趟旅程的打包清單。打包清單可使我的旅程輕鬆無負擔。

1. **規畫行程**。假設我要去海邊，時間是週五到週一。我會先把每一天要做的事都寫下來，幫助我挑選該帶哪些衣服：

- □週五：交通、晚餐、睡覺。
- □週六：海邊、晚餐、睡覺。
- □週日：海邊、搭船出海、晚餐、睡覺。
- □週一：交通。

除了衣服之外，也要考慮你會用到的其他物品。舉例來說，如果你打算參觀多家博物館，最好別忘了帶相機和舒服的鞋子。

2. **分門別類**。大概知道每天會做哪些事之後，把你會用到的物品分門別類。我的打包清單會分成這幾類：

- □盥洗用品。
- □衣物鞋子。
- □珠寶首飾。
- □電子產品與書籍。
- □旅行相關（例如旅行文件）。
- □最後一刻清單。

分類思考較不容易遺漏。清單上只有「打包」二字，寫起來很容易迷失方向。分類之後一次要思考的東西變少了，可維持思路清晰。

3. **生活作息**。旅行之前，我會在腦海中把每天早上必做的事走過一遍，確認每樣東西都有帶到，例如牙線或止汗劑。這樣想一遍，就不會到了目的地才發現沒帶牙刷！

4. **查詢氣象**。氣象預報並非百分之百準確，但至少能大概知道我會需要哪些東西，例如帽子、防曬乳或雨傘。藉由科技產品取得氣象資訊也是一個好方法。

5. **成套搭配**。跟隨便丟幾件衣服進行李箱比起來，我覺得帶搭配好的成套衣物可避免帶太多東西。打開衣櫃，拿出你想用來搭配成套的衣物與配件，包括鞋子跟首飾。我的手提行李裡，一定會帶一條喀什米爾披巾，在飛機上可以蓋著保暖。

我在第一章提過收納專家兼空間整理服務公司dClutterfly的老闆崔西．麥可賓，她也是用這種方式打包：「這兩年我經常來來去去，我心想『這問題不解決不行，否則我上飛機前會焦慮萬分』。所以現在我會把成套搭配的衣物寫成清單，只帶這些就大功告成，可以直接出發。將成套搭配的衣物寫成清單，使我的旅行準備輕鬆許多。」

6. **最後一刻清單**。這張清單是出發當天早上我會用到的每樣東西，用完才能放進行李。清單上也有出門前必須完成的任務。

小時候我們一家人每次去度假（通常是去紐約州的喬治湖〔Lake George〕），我爸都會把出門前該做的事一一寫下，包括關空調、暫停收信、澆花等等。寫下來就不用一直提醒自己別忘記這個、別忘記那個。寫一張清單，該做什麼一目瞭然，做起事來既快速又簡單。我爸給我做了很好的示範，或許也是我成為清單愛用者的原因。

☑生產力小撇步

我超愛一個叫做「黑色天空」（Dark Sky）的天氣App，它會偵測你所在的位置，提前告訴你快要下雨了。例如它會貼心地傳簡訊提醒你：十五分鐘後會下雨，預計會下六分鐘左右。就是這麼精準。（第八章會介紹更多實用的App。）

長途旅行？

別害怕！我有辦法。只帶一件隨身行李，也能在歐洲或任何地方旅行兩個星期，我的好友妮可．費德曼（Nicole Feldman）就成功辦到！她跟我一樣都是霍夫斯特拉大學（Hofstra University）畢業的。她是打包小天才。以下是她的幾個打包基本原則：

□ 衣物全部捲起來。

□ 最重的衣物穿上飛機。

□ 買一個二十二吋、輪子可三六〇度旋轉的輕量登機箱。雖然貴，但將來可為你省時、省錢、省心。這個尺寸是航空規範的登機箱尺寸上限。

□ 肩背包要選可愛、輕量、空間大的。四處觀光的時候，還可以當成旅遊托特包使用。

□一定要用真空壓縮袋。這是一種容易壓扁的透明收納袋，一般居家用品店，例如「不只寢具盥洗」（Bed, Bath & Beyond）家飾網站，都買得到。裝滿之後，把壓縮袋平放在地上，從一頭捲到另一頭，把空氣全部擠出去。擠完空氣後，壓縮袋會縮小很多。登機箱前面的袋子裡放兩個壓縮袋備用，例如回程時拿來裝髒衣服相當方便。

妮可在我的部落格「清單製作人」網站裡，分享了完整版的打包原則，歡迎掃描QR Code來看看，對任何性質的旅程都有參考價值：

搬家

搬家耗費的心神不亞於旅行。無論親朋好友或搬家公司提供了多少協助，搬家都是一件充滿壓力的事。這時候，你需要清單幫忙！

1. **斷捨離**。搬家是斷捨離的好時機。例如你家有三套床組，但是有一套你從來不用，是不是該丟了？寫下你願意丟掉或捐出的每一樣東西。

2. **裝箱**。搬家裝箱很簡單。大致上就是把東西全部帶走，對吧？分享一個裝箱妙招，箱子上註明它屬於哪個空間並且寫上編號，然後按照編號為這個箱子寫一張「內容物清單」。有了這些清單，搬進新家第一個晚上的你雖然忙亂，還是可以很快找到你需要的每樣東西。這招也適用於儲藏室的收納。

3. **汰舊換新**。搬家的樂趣之一，是把舊的東西換成新的，或是重新裝修一番。在搬家之前就要把這張清單寫好，這樣你在搬進新家之前會比較有概念。有些東西需要事先規畫，例如傢具。

4. **探索新環境**。這也是搬家的一大好處。新環境意味著新餐廳、新店家、新的娛樂選擇。列出搬家後你想探索或了解的每個地方。請新鄰居推薦口袋名單，也不失為認識新朋友的好方法。

調查清單

只要是需要事前規畫的事，調查清單都可以幫助你釐清細節，任何事都可以：

- □在新家附近找到不錯的髮廊剪頭髮。
- □找家政員。
- □學習健康飲食。
- □找房子。
- □規畫婚禮。
- □規畫旅行。
- □增加收入。

無論什麼主題，第一步是列出關於這個主題你想完成的每一個目標，或是你想了解的每一件事。我經常在規畫旅行或是舉辦大型活動之前，寫一張調查清單。不要懷疑，所有的事情都能拆解並寫成清單，幫助你梳理自己的思緒。

備忘錄清單

我說過自己什麼事都會列清單，可不在開玩笑：

- □想看的書。
- □想嘗試的餐廳。
- □喜歡的睫毛膏。

□必須買的衣物。

□該追的劇。

□我希望別人送我的禮物（沒騙你，我真的有這張清單）。

□我想造訪的網站。

我把此類清單稱為「備忘錄清單」，清單上列的是事物，而不是任務。

每次有人推薦你一本好書的時候，你會怎麼做？若你跟我一樣，雖然想記住書名，卻總是一分心就忘得一乾二淨，這真的不是我們的錯。記憶力跟肌肉一樣，愈不鍛鍊就愈不發達。現代人記憶力變差，都是科技產品害的。早些時候我們的腦袋裡，或許還記得幾個電話號碼，但自從有了手機之後，我們就不再用大腦記電話了。我的工作手機已用了七年，到現在我還記不住這個號碼，因為我不記，我寫在清單上。我每次留言請別人回電的時候，都像個白癡說：

「呃……我的號碼是……請等一下……喔，找到了！」如果非記住不可，我肯定記得住，問題是無此必要。

當我們必須記錄類似的資訊時，備忘錄清單就能派上用場。清單要放在哪裡隨便你，但要是你連清單放在哪裡都忘了，那就只能怪你自己了。

我的目錄式清單都存在手機和幾個App裡。我將在第八章介紹幾個我覺得超好用的清單App。

☑生產力小撇步

如果你不是天生的調查好手，或許可以外包給別人。外包是省時妙方，讓你專心做自己真正想做的事就好。（關於外包資源，請見第七章。）

人生願望清單

這是我最喜歡的清單之一，因為它非常貼近內心。如果你沒有製作清單的習慣，可先從人生願望清單開始。例如「遺願清單」（bucket list），也就是列出你離開人世（kick the bucket）之前想要嘗試的事。

你比任何人都了解自己，所以寫人生願望清單應該是件好玩的事。學法語，在百老匯登台表演，去舊金山搭街車，去澳洲抱無尾熊。任何心願無論大小，都可以寫在這張清單上。

我喜歡把人生願望寫在筆記本裡，用你喜歡的方式就好。「我的人生清單」（MyLifeList.org）是保存人生願望清單的好地方，你還能在這裡看見別人的清單。這個網站把想要實現願望的人凝聚在一起，你可以找到跟你有類似願望的人，看看人家做了哪些努力來實現願望。

人生願望清單無比珍貴。當然，夢想是偉大的，但我相信在你把願望寫下來的那一刻，無論出於有心，還是出於無意，也啟動了邁向目標的意念。

你知道嗎？

遺願清單的典故

根據線上雜誌Slate.com提供的解釋，「kick the bucket」這句諺語至少可追溯到一七八五年。但「bucket list」卻是個較新的詞彙。二〇〇七年傑克·尼克遜（Jack Nicholson）和摩根·費里曼（Morgan Freeman）合演了一部電影叫《一路玩到掛》（*The Bucket List*），在那之後這個詞變得廣為人知。他們在電影裡飾演兩個絕症病患，為了在死前逐項完成遺願清單上的心願，一起展開公路旅行。

新年日記

我和梅蘭妮．楊恩（Melanie Young）討論了，她每年都會寫「新年日記」的事。梅蘭妮多才多藝，除了是清單愛好者，還是企業家兼環球旅人、作家。她會把那一年想去的地方和想做的事，都寫在新年日記裡。

梅蘭妮的生日是一月一日。在一次非常糟糕的跨年夜約會之後，她誓言再也不要讓自己的生日過得那麼慘。從那時開始，她決定每年生日都要去旅行。她說：「新年日記裡的每一則內容都是一張清單。第一張清單是總結前一年發生了哪些事：開心的和不開心的。下一張清單是新年度的計畫，以及我想促成的事，通常會有十二到十五個計畫。這件事我從一九八八年做到現在」。

梅蘭妮的清單實現了多趟旅行：曼谷、胡志明、祕魯馬丘比丘、巴西里約熱內盧、貝里斯、宏都拉斯、西班牙、法國、夏威夷等等。她把新年日記排放在書架上，並相信將來它們會成為她寫自傳的素材。

要求，相信，接受

我很喜歡《秘密》（*The Secret*）裡提到的吸引力法則。長話短說，吸引力法則讓我每天在擁擠的紐約地鐵裡都有位置可坐。如果你曾來過紐約，就知道這件事可算是個小小的奇蹟。但我也在更重要的事情上運用過吸引利法則，例如去現場看《歐普拉秀》！我認為「相信自己能拿到入場券，想像自己坐在觀眾席裡」也發揮了作用。我老公認為什麼吸引力法則都是無稽之談，但我證明了他是錯的。

《秘密》在講什麼？這本書的概念是，只要向宇宙許願，並誠心誠意地相信，就有可能如願以償。早在《秘密》這本書存在之前，小時候媽媽就常告訴我：「想要什麼就說出來，說不準就能實現。」

就好像當你把自己想找新工作的事昭告天下之後，終將會有人把絕佳的工作機會送到你面前。當然，這可能只是巧合。但我認為大聲說出口確實有幫助。

把目標視覺化

我不是個心靈手巧的人，但每年年初我都會做一塊願景板。這是我一整年唯一的手工藝品，我樂在其中。說出來有點不好意思，但我真的很愛看雜誌。做願景板的時候，雜誌很好用。我會把感動自己的圖片跟字句撕下來，貼在一張厚紙板上。

願景板是什麼？

願景板用來呈現你想完成的事，想去的地方，以及你喜歡的事物。用這項工具做為邁向目標的起點，你將更有機會達成目標。我用願景板提醒自己將目標銘記於心，例如擁有一間三房公寓，或是去威尼斯旅行。我也會放上圖片，像是我景仰的人、我喜歡的畫面（例如喝下午茶）以及其他偉大志向（像是寫這本書）。能夠具象呈現目標非常重要，就算只是紙上談兵也沒有關係。萬法不離其宗，還是那句老話：「你會成為你相信的模樣」。

自由發揮

願景板上可以貼照片、可以畫畫，也可以寫上啟發你的文字。如果你是手工藝達人，也可以用布料和其他材質的原料來製作。沒有標準做法。照片可以是你去過的地方、你想去的地方、你喜歡的衣服、你想買的東西、你理想中的廚房，或是任何讓你發出會心一笑的東西。

可以是表面上的意思，也可以用有創意的方式加以詮釋。例如我的願景板上有香檳的照片，一方面因為我很愛喝香檳，另一方面香檳也象徵著慶祝。我希望生命裡充滿值得慶祝的事。同樣地，我的願景板上有張照片，照片裡的人正在寫感謝卡。這不是因為我特別愛寫感謝卡，而是因為我希望自己可以時時心懷感恩。

我的願景板有些地方刻意留白，給它空間在接下來的一年裡慢慢演化。每當一張照片吸引我的目光，或是我想到新目標的時候，就放到願景板上。我的願景板掛在衣櫃門的內側，每天早上換衣服的時候一定會看見。你可以像我一樣手做實體的願景板，也可以用電腦做一個數位願景板。以下是幾個適合擺放願景板的地方：

1. 裱框放在書桌上。
2. 釘在軟木塞板上。
3. 設定為電腦桌面。
4. 夾在隨身攜帶的書裡。
5. 存在手機App裡，例如「快樂自拍」（HAppy TApper）的「豪華願景板」（Vision Board Deluxe）。
6. 放在你的繽趣（Pinterest）圖版上，甚至可以利用「注意事項」

（NoteLedge）App，將繽趣上的圖像拼貼在一起。

7. 最簡單、容易上的方法是利用簡報軟體，例如微軟辦公室系統的PTT，就可以製作了。

做願景板很好玩，很適合跟朋友或甚至跟孩子一起做。孩子可以把他們一整年想做的事和想去的地方，放在他們自己的願景板上。願景板對他們的影響力，肯定會讓你嚇一跳。你也可以在跨年夜拿出過去這一年的願景板，看看自己完成了多少目標。把這件事變成跨年夜的傳統，然後在新年的第一天，製作一張全新的願景板。不過，願景板不一定非要在一月一日做，一年裡的任何時間都可以動手做一張！

記住，光有願景板是不夠的。還必須積極努力，邁向目標。

感恩清單

雖然我大致上是個樂觀的人，但有時我也會意志消沉、陷入低潮。大部分的人都會遇到這種時候。我的解決方法，是寫一張感恩清單。

感恩清單列出給你帶來幸福感的每一件事，包括使你心懷感恩的事，任何事都可以：

- □現在正值芒果季。
- □今晚有我最愛看的節目。
- □我做的舒芙蕾沒塌掉。
- □我最好的朋友搬到我家附近。
- □我烤披薩的時候沒燙傷。

- □ 我升職了。
- □ 老公突然送我可愛禮物。
- □ 有機會去一趟紐西蘭。

只要是能讓你發自內心微笑的事，都可以寫進來，傻事也好，嚴肅的事也行，寫下來就對了。感恩清單能改變你的心境，因為它提醒你別忘了人生裡真正重要的事。我記得歐普拉說過，人很容易在日常俗務裡陷得太深，忘了他們應該花幾分鐘想一想生命裡真正的美好。

我媽碰到任何情況都會努力找出光明面，我猜這就是我如此樂觀的原因吧。心理學家建議每天寫一張感恩清單，你會感受到感恩清單真的很有用。亞莉克西絲．史克蘭伯格（Alexis Sclamberg）是勵志作家兼網站「提升Y世代」（Elevate Gen Y）的共同創辦人，她說：「我習慣每天晚上把心懷感恩的事情一一寫下。這是我的感恩練習，有研究證實，心懷感恩可提升幸福感。」

除了讓你一邊想著生命裡的美好一邊微笑之外，感恩清單也有長期好處。心理治療師崔西．馬克斯說：「翻找出這些你原本不以為意的事，會使你變得更寬容、更懂得感恩，還能提振自信與自我價值感。」

我們都想提升幸福感，對吧？感恩清單值得一試。

3

☑清單製作基礎課

無論是待辦清單、購物清單還是利弊清單，「把想法寫在紙上」這個動作，本身對身心靈都有好處。我不是在開玩笑。寫清單可減輕壓力、增加生產力，使你井然有序、精神專注，還能帶來成就感。

《壓力狂》的作者海蒂．漢納說：「推動你的想法是：『我要完成這些事！』所以你會確定事情有進展，就算只是小事，都會慢慢形成一股推動力。」

寫清單不難，花點時間學會善用清單，你的付出將獲得巨大回報。我最喜歡的新聞學教授凱西．克雷恩（Cathy Krein）評論我們的文章時，最常說的一句話是：「愈簡單、愈明白愈好。」這句真心實意的建言，我認為適用於人生裡的一切，包括清單。

終極待辦清單

你很容易覺得清單上的待辦事項很煩，最後乾脆視而不見。現在我要教你如何寫一張可令你堅持到底的終極待辦清單，而且是用寫清單的方式逐項列舉說明。

1. **先寫下來再說**。不是立刻要做的事一下子就忘了，所以待辦事項一想到就得寫下來。順序不重要，先寫下來再說。

2. **分門別類**。確定要做的事情有哪些之後，將待辦事項分門別類：工作、家庭、孩子、玩樂等等。生活的每一個層面都應擁有自己的清單。若沒有分類，雜亂的清單會令你不知所措，最後直接放棄。

通常我會把不同類別的清單放在不同的地方，工作清單在公司的辦公桌抽屜裡，家庭清單在家裡的書桌抽屜裡。我知道每張清單的位置，也知道清單的內容屬於哪個類別，拿起清單之前我已有心理準備，知道接下來要處理哪一類的事務。這個做法效用之高，保證令你驚訝。

崔西．馬克斯醫師說：「這會幫你看清事情的輕重緩急，免得你被一大堆事情壓垮。」她也建議我們將時間切分成段，容易做得沒完沒了的事，要規定自己在某個時段內完成，例如處理電子郵件。區分時段能使你集中注意力，效率和生產力都會提高。

3. **先後順序**。清單分類好之後，逐項確認並依照緊急和重要程度排序。這能幫助你掌握進度，專注在當下需要做的事情上，雖然有其他比較容易完成的任務，但它們都沒有你手邊的任務重要。請抗拒誘惑，不要先跑去處理那些簡單任務，這樣只會導致重要的事進度落後。

4. **重寫一遍**。完成分類與排序之後，把清單重寫一遍。乾淨的清單一目了然，想要查閱和劃掉已完成事項都比較容易。認識我的人都知道，我會把清單重寫好幾遍，我不喜歡清單上東一坨、西一坨，如果清單太雜亂、註記太多，我會乾脆重寫一張。請你找到最適合自己的做法

5. **重複步驟一到四**。為了完成任務，該寫幾張清單就盡量寫。我自己是每天寫一張新的，然後慢慢補充內容。隔天把前一天沒完成

的事項加進新的清單裡，以此類推。

如何製作更高效的清單

是的，清單的寫法有對錯之分。光是寫在紙上還不夠，又臭又長的待辦清單，只會令人既焦慮又無措。清單明明應該讓人更加輕鬆愉快才對。

「我發現該做的事情全部寫下來，只會令我產生恐懼，認為自己絕對不可能完成所有任務，」瑪格麗特．摩爾（Margaret Moore）說。她是《練好專注力，事情再多也不煩！》（*Organize Your Mind, Organize Your Life*）[1]一書的共同作者。她建議以「最佳劑量」（optimal doses）來做事。最佳劑量因人而異，

[1] 繁體中文版由大寫出於二〇一三年出版。

因為只有我們才知道最適合自己的工作方式。「你必須找到剛剛好的劑量，這個劑量能使你感到條理分明、大局在握，而不是壓垮你。然而，只有在親身嘗試錯誤之後，你才能找到屬於你的最佳劑量，」她說。

無論你決定把清單寫在哪裡，最終結果都是要逐項完成清單上的任務。清單寫好之後，有幾種方式可幫助你駕馭清單：

一、評估任務

輕重緩急。這件事前面提過，可說是清單管理最重要的一件事。老實說，你寫在清單上的那些事可能一件也不急，自己要分清楚哪些是現在必須完成的？哪些可以等一等？

自知之明。這很難。你了解自己，清楚自己的能耐。但是一碰到待辦清單，有時就是很難誠實面對自己與現實。我完全明白。你想要立刻劃掉所有待辦事項！判斷哪些事情應優先處理，是一項珍貴的本領，能為你帶來極大的幫助。如果你知道整理衣櫃得花兩小時，但你預約看醫生的時間是半小時後，那現在就不是整理衣櫃的好時機。

明確聚焦。具體而明確的清單能幫你簡化待辦事項。不要寫「整理車庫」，把執行步驟寫出來，只要一一列出「整理」的步驟，這項任務會更容易完成。待辦事項要明確，例如：

□丟掉不用的節慶裝飾品。
□把工具都收在同一處。
□清除停車位上的雜物。

明確的行動指令也能幫你聚焦於真正的目標。不要寫「去超市購物」，而是

「買生菜、番茄跟酪梨」，這樣比較清楚，也能減少你瞎逛的時間，使你快速完成購物任務。

二、規畫任務

以小搏大。有時候，小勝過大。在清單上穿插幾個簡單任務可提振精神，因為簡單的事完成得比較快。我知道前面說過不應該這麼做，但有時候先解決簡單任務能使你更有幹勁。怎樣的策略都行，只要能幫助你持之以恆就好。

一案一單。把你想在生活中完成的每一件事，不分類別全部寫在同一張清單上，這種做法大錯特錯。一個目標寫一張清單，你才不會驚慌失措或是腦袋一團漿糊。

三、分派任務

外包出去。媒合自由工作者與外包工作的線上平台「工作兔」（TaskRabbit）執行長麗雅．巴斯克（Leah Busque）是一位非常有智慧的女士，她曾經告訴我，有能力做一件事，不代表那件事一定要由你來做。身為前控制狂，我把這句話謹記在心。（我承認現在仍有輕微的控制狂症狀，只是沒有以前那麼嚴重了。）把任務分派出去，而不是全部攬在自己身上，這種能力將改變你的一生。（第七章將有更多討論。）

學會說不。哇塞！如果可以推掉你不想做的事，想像一下你能完成多少真正重要的事。沒錯，只要學會說「不」，你就能拿回人生的掌控權。我們很容易隨口答應邀約，例如一起喝杯咖啡，或是陪朋友去看那場他說了好久的電影。但是，不可以把「好啊」當成標準答案。記住，時間很珍貴，你不需要自願當校外教學的導護媽媽，也不必主動要求負責某個專案。

不要因為不好意思拒絕就答應別人，除非那是你真正想做的事。拒絕做這些事，就能為行程表創造出更多空檔，提高生產力。

我經常說「不」，但這也是練習後的成果。舉個例子，每個星期三下班後是我的自由時間。因為我老公星期三晚上經常加班，所以我可以約女性友人一起吃晚餐，預約做個美甲，或是做其他好玩的事情。這是專屬於我的時間。如果這時候有人提出邀約，我們很容易取消原本的計畫答應對方，心想「反正我本來也沒要幹嘛。」我現在不這麼想了，而且我因此變得更快樂。現在我重視自己的需要，看書、放鬆，看一集烹飪節目《家有大廚吉亞妲》（*Giada at Home*），或是寫部落格。我不取消原本的計畫，是因為這些事帶給我養分。做這些事很開心，因為它們是我真心想做的事，重要性不亞於跟朋友出去玩，也不亞於其他社交活動。

這個原則也適用職場。很難！在工作的場合說「不」真的很難。通常我們不得不答應。碰到這種情況，我會拿出待辦清單，看看有沒有能抽換的任務。

比如我會請別人幫忙完成其中一個待辦事項，或是把任務直接交給另一位同事。

以下提供幾種拒絕別人的好方法：

□「我沒辦法接這份工作（或參加這個活動），但是XXX應該很適合。」（提供解決方法，對方會很高興，你也不會因此有罪惡感。）

□「請過X週之後再回來找我。那時候我比較有空，應該可以幫忙。」（要注意，行程表不可以有空檔就塞，一定要給自己充足的時間。）

□「平常我肯定會答應你，但是我正在用一種新方法評估自己的工作量，我覺得現在的工作量很滿，所以只能拒絕你了。」（別擔心，只要誠懇回覆，對方都會體諒。）

四、設定期限

身為電視製作人，我可說是設定期限的達人。設定期限也確實有用。為自己設定一個期限，做事比較不會拖拖拉拉，只要告訴大腦，你必須在萬聖節之前想好感恩節的菜色，你就能在萬聖節之前想好感恩節的菜色。正因如此，我每年八月就開始採買年終過節要用的東西，早點開始準備，感恩季開跑時才不會忙到發瘋。

簡單的待辦事項也可以用這招。我經常在待辦事項旁邊寫上時間。例如現在一點多了，我知道走路去洗衣店需要十五分鐘，所以我會設定這項任務必須在兩點之前完成，這樣既不耽誤原本的行程，又能多劃掉一個待辦事項。

五、獎勵自己

這是我最喜歡的步驟！說到處理待辦事項，獎勵可以發揮很大的效用。給自己一些值得期待的事，你會更想快點劃掉清單上的待辦事項。我經常賄賂自己，例如：「寫完這篇稿子，就能上臉書十分鐘。」你不妨試試，為了得到獎勵，你處理待辦事項的積極程度，肯定會嚇到自己。

六、提醒自己

我們無法百分之百記住每一件該做的事。絕對不可能。放自己一馬，用工具提醒自己吧。有時就算寫了待辦清單，也很容易忘記它的存在，最後一件事也沒做，這時只要設定好提醒自己的方式，你就會記得拿起清單看一看。我每天都會用Outlook系統傳好幾次會議通知給自己，提醒自己別忘了該處理哪些事。除了手寫清單，這些自動跳出的提醒訊息，也是如期完成任務的一大助

生產力小提醒

番茄鐘工做法

有一種時間管理法叫「番茄鐘」，或許對你大有幫助。這是法蘭西斯科．西里洛（Francesco Cirillo）在一九八〇年代發明的時間管理法，名字的由來是廚房用的番茄造型計時器。番茄鐘的概念是切分任務，一次只處理一枚番茄鐘轉動的時間，也就是二十五分鐘。每二十五分鐘休息一次。

我喜歡番茄鐘，因為專注二十五分鐘要比一小時或更長的時間容易。有時候我們會告訴自己：「我要花一小時專心做這件事」，但是請想想這一個小時裡，你分心了多少時間。有了番茄鐘，你可以在一段較短的時間內全神貫注，提高完成任務的機會。

我用的時間管理法也很類似，我會看一下現在幾點，然後跟自己說定一個時間。假設我最近需要研究一下買什麼生日禮物送我媽，此時我抬頭一看，時間是中午十二點三十六分。我會告訴自己：「從現在開始到下午一點，我可以專心幫我媽找禮物。一點一到，我就要去做別的事。」在這個時段裡，我只做一件事。我知道這件事何時會結束，也知道這是有時間限制的任務，因此也比較不會半途而廢。

力。

地點、地點，還是地點

你應該在什麼地方寫清單？答案是你使用這張清單的地方。寫清單地點的重要性，不亞於你寫這張清單的原因。

製作小而美清單

有些人是用便利貼寫清單。一天能做事的時間就那麼幾小時，能完成的事情卻那麼多。為自己設定可完成的目標相當合理。

我在前面提過，收納專家兼空間整理服務公司dClutterfly的老闆崔西．麥可賓，她就是在較長的清單上另外貼一張便利貼，好做到萬無一失。她說：「我的『主清單』寫在易撕的單線簿上，單線簿上方還會貼一張便利貼，上面是這兩天能處理的事。我把必須早點完成的事，集中寫在便利貼上。」

完成三件事比完成三十件事容易許多，這樣比較一目了然！崔西的方法也能用來增加工作時的生產力、籌辦社交活動，甚至能防止你在超市花太多錢。你不相信嗎？看看以下的理由，就知道為什麼你應該選幾個待辦事項寫在便利貼上：

1. 便利貼面積有限（只有三乘三吋，約七．五公分見方），可以強迫你快速決定輕重緩急。你只能把最重要的事寫在便利貼上，不然這珍貴的空間會不夠用！
2. 便利貼上的任務全數完成後，今天就可收工！剩下的時間想做什麼都可以，我敢說你會選擇……休息！

3. 天有不測風雲，碰到突發狀況時，你會很慶幸主清單上只剩下「整理襪子抽屜」跟「訂閱清單製作人」這類不急的事還沒完成。

4. 便利貼有黏性！隨著當天任務性質的不同，我曾把便利貼貼在筆電螢幕一角、手機背面，甚至浴室的鏡子上。「把待辦清單放在你一定看得到的地方」聽起來好像很簡單，卻能夠有效提高生產力。

5. 便利貼寫滿之後，就沒有空間再加入其他任務了。有時候我覺得主清單上的事情永遠做不完，檢討後才發現一整天下來，上面的待辦事項加東加西膨脹了一倍。

你知道嗎？

便利貼的六個逗知識

這種色彩繽紛、半透光的小方塊無所不在。無論你身在何處，附近很可能就有一張便利貼。世界各地都有人用便利貼來提醒自己、列出待辦事項，我們井井有條的生活得仰賴便利貼。我的辦公桌上、零散的文件上、檔案夾上、雜誌頁面上，甚至是電話上都貼著便利貼！

但是，你有想過這些黏黏的小方塊是怎麼誕生的嗎？以下是六個你不知道的便利貼逗知識：

1. 便利貼的誕生是場意外，時間是一九六八年。（是的，便利貼的發明人不是電影《阿珠與阿花》〔*Romy and Michele's High School Reunion*〕的兩位女主角。）
2. 一九六八年3M公司的科學家史賓賽・席爾佛（Spencer Silver）在研發超強力黏膠的過程中，調製出一種可重複使用的黏著劑。

☑你知道嗎？

3. 3M的產品開發員亞瑟弗萊（Arthur Fry）把這種黏著劑塗在書籤上，放進他在教堂用的詩歌本裡。在3M的支持下，他慢慢開發出便利貼。
4. 一開始使用鮮黃色紙也是場意外。測試黏著劑時使用的廢紙，剛好就是鮮黃色。
5. 便利貼一九八〇年正式上架零售。
6. 雖然現在便利貼的顏色琳瑯滿目，但鮮黃色依然是最暢銷的顏色。

手寫更能激活大腦

我大部分的清單都寫在筆記本裡。我喜歡有格線的筆記本，寫字的空間也非常充足。我的筆記本都很大，我有一整疊針對不同主題與任務的筆記本。例如其中一本就是這本書的寫作計畫，那是一本紫色的筆記本，我在裡面寫下訪談時要問的問題、各章大綱以及有期限的各項工作。工作上，我用的是一本線圈在上方的活頁簿，因為我是左撇子，容易被側翻活頁簿的線圈刺到手。

我跟每一個整理狂一樣熱愛便利貼，但若是要記錄的想法很龐雜，便利貼就沒那麼好用了，而且雖然小小的便利貼具有黏性，還是有可能脫落不見。（我將在第八章討論老是搞丟清單該怎麼辦，那一章可說是我寫給數位化的情書。）雖然我也愛用數位清單工具，但是手寫清單就是不一樣。不知道為什麼，親手寫清單會比較有感覺。

崔西．馬克斯醫生說：「寫在觸摸得到的紙上，跟寫在App裡感覺差很多，你得打開手機或登入App之後才能看到你需要的資訊，用App步驟一大堆。寫在紙上『一拿起來就看到，我可以把它拿在手裡，可以翻面，可以觸碰，可以放進抽屜裡』。」

這些年來我寫字愈來愈醜，因為我打字和使用手機的頻率比較高。但是工作時的每日待辦清單，一定要用鉛筆寫在筆記本上，這是我的堅持。二〇一三年八月號的《瑪莎．史都華生活雜誌》（*Martha Stewart Living*）刊了一篇文章，標題是〈用手寫字這件事要絕跡了嗎？〉（*Is Handwriting Becoming Extinct?*）。文章的作者陳瓊安（Joanne Chen）引述了一篇印第安納大學的研究。受試者是學齡前兒童，分成兩組接受磁振造影檢查（MRI）。一組用打字的方式認識字母與符號，另一組用手寫。打字組無法分辨字母和符號之間的差異，手寫組可以。這意味著跟打字比起來，手寫更能幫助大腦學習和記憶。

我認為密碼是一個很好的例子。我經常忘記密碼，這件事快把我煩死。因為我總是心不在焉地輸入密碼，輸入之後，它們就消失在我的腦海裡。如果當初用手寫的方式全部記下，我知道自己肯定會記得更牢。

4

工作清單：功成名就的最佳利器

為了寫部落格文章，我研究後發現一件事：成功人士每天都會寫清單。各行各業的執行長、經理人與高階主管都有寫清單的習慣。不管從事哪方面的工作，清單都能成為你的一大助力。

用清單安排每一天

無論是養成寫清單的習慣，還是想讓清單發揮更大效益，關鍵都是找到最適合自己的方法。我的建議不一定適合你，你必須找出最適合自己的清單用法。

待辦清單是我一整天的「指揮中心」。上面寫著任務、筆記、提醒事項等等。內容分類明確，所以我不會看得頭昏眼花。別擔心，稍後我會說明。

最近有個部落格的讀者寫電子郵件給我，名叫喬許（Josh）。他說：「我很喜歡寫清單，也覺得清單很有用。但說到如何安排清單的格式，這一點令我非常頭大。我希望自己的清單可以一目了然，而不只是在紙上到處亂寫亂畫。你的清單是怎樣的格式？」

大哉問！我每晚離開公司前，都會寫一張工作清單。就算下班時間已經很晚了，就算約會已經遲到了，我也會寫好清單再走。白天工作時想到該寫在清單上的事，我會馬上記下。重點是，工作清單我一定會在前一天寫好，因為我喜歡早上一進公司就立刻投入工作。工作清單是我的路徑圖，告訴我這一天的路該怎麼走。因為有它，我早上進公司不會那麼焦慮，而且馬上就能進行第一項待辦任務。

我會用筆記本把明天要做的每一件事寫成工作清單，一天一頁。格式如下：

1. **最上方寫日期**。之後若要回頭找資料會比較方便。

2. **隔天要做的每一件事都要鉅細靡遺地寫下來，包括每天的例行公事**。相信我，一定會出現令你分心的事，所以有寫有保庇，而且多寫幾項，就能多享受幾次劃掉待辦事項的快感。

3. **依照時限排列**。我會按照必須完成的時間來寫待辦事項。假設我約了人在早上十一點通電話，我會在左邊標註「早上十一點」。依照時限排序有助於保持專注。

很好！清單已完成，一切就緒，對吧？別急。我保證還會有其他事情突然冒出來。所以你的清單要預留空間，視需要補充內容。我的做法如下：

4. **視需要加入待辦事項**。離開辦公室後，我如果突然想起工作清單上忘了寫什麼，我會立刻在手機的行事曆設定提醒通知，隔天這則通知就會跳出來，提醒我把新的內容加進清單裡。千萬別把通知時間設定在開會，或其他不方便看手機的時間。通知的訊息跳出時，把待辦事項寫進清單就行了。

此外，工作時也會有預想不到的事情跑出來。做法同上，視需要加進清單裡。不過這種突發事務加進清單之前，得先考慮你是否做得來。如果今天做不來，可考慮明天再做，或是請別人幫忙處理。（第七章會有更多關於任務外包的討論。）

5. **清單進度提醒**。我的做法是，在筆記本的左下角保留一塊空間，用來寫「清單進度」。若工作到一半被打斷，我會很快記下自己做到哪裡，回來時就能立刻接著做。這個小撇步救了我很多次。

6. **私事專用欄位**。我的清單正中央有一條直線，左邊寫公事，右邊寫私事。公事跟私事很難完全分開。就算正在上班，我們還是會抽空做些家庭雜物、打私人電話或是提醒自己一些跟私事有關的任務。這時我會在私事欄位裡寫下「去提款」或「去洗衣店」之類的任務。

7. **為隨身筆記留白**。我很愛寫筆記，主題不拘：電話號碼、電視節目、雜誌名字、八卦內容等等。我用清單的右上角寫諸如此類的隨手筆記，包括別人的電話號碼或鞋子尺碼等等。

待辦清單格式

❶日期

❷公事

□ ……

□ ……

□ ……

❸11點：打電話給潔西卡

❹□ ……

□ ……

□ ……

❺清單進度

❼筆記、電話號碼、名字等等

❻私事

□ 去提款

□ 去洗衣店

□ ……

□ ……

□ ……

□ ……

下班後提醒事項
6點：跟湯姆喝一杯

我也用便利貼，不過不是用來寫待辦清單。通常在給合作的同事指示的時候，我會用便利貼。例如當我交辦一項任務時，我會貼一張便利貼寫著「週一使用」或「潤稿後付印」。我用便利貼通知對方該做什麼事。不過，我確實也會用便利貼寫特定的、短短的待辦清單。

我使用工作清單的方式不一定人人適用，但你不妨試試看再說。我前面提過的工作兔執行長麗雅．巴斯克，她使用清單的方式就跟我截然不同。她是每天早上寫工作清單。她曾為我的部落格寫過一篇文章，文中提到：「我進辦公室做的第一件事，就是坐下來列出今天要做的事。此外在開主管會議之前，我也會先寫一張確認清單，確定所有的相關議題和重要事項都沒有被遺漏。」

☑ 生產力小撇步

如果下班後有兩、三件不能忘記的事，我會寫在便利貼上，然後貼在手機背面。有幾個聰明的設計師推出跟iPhone一樣大小的便利貼，「背貼」（Paperback）這個品牌就有這樣的產品，為寫清單省了不少力。相關資訊請掃描QR code：

安排會議

麗雅提到一個有趣的主題。會議該如何安排？當然要用清單啊！

我的部落格和這本書都找過幾個實習生幫忙（這本書的謝詞裡有他們的

名字），我每次跟他們講話之前都會先寫清單。先花幾分鐘思考一下開會的目的，討論起來會更有重點。你參加過多少沒有重點、最後也沒成效的會議？這種會議我碰過非常多次，每次都快要把我逼瘋，因為這種情況完全可以避免。

聯合資本（United Capital）❶是一家不斷茁壯的財富管理顧問公司，其共同創辦人喬．杜蘭（Joe Duran）是我心目中的理想老闆。我認為杜蘭之所以能提供那麼棒的工作環境，是因為他每次開會都會準備一張確認清單。如果你去找他說話時，手上沒有一張確認清單，他才不會理你。真是太讚了！杜蘭說：「我開會的時間是以前的一半，但效果至少是以前的兩倍。這樣算起來，生產力是以前的四倍。」

千萬別搞錯。確認清單不是議程，它們是兩種不同的工具。確認清單上的事項幾乎不會變動。以杜蘭的員工為例，他們的確認清單上會有：上週開會結論的更新狀態、審視客戶策略服務、討論即將推出的活動等等。每週的確認清單上都有這些事項，就算本週沒有討論的必要，它們也一定會在。

「若是沒有確認清單，幾乎無法維持一致性。清單能保證大家隨時都用相同的方式執行任務，」杜蘭說。他大概是在二〇一一年看完《檢查表：不犯錯的秘密武器》（*The Checklist Manifesto*）❷之後，才開始採用確認清單這套做法。他非常喜歡這個概念，甚至要求每一位員工都要看這本書。杜蘭告訴我，一開始員工有些抗拒確認清單，不過現在大家都能接受，也對下屬使用這種做法。「會議變得既明快又緊湊，而且大家都是有備而來。說真的，『寫確認清單』這件事也使他們自己變成更有紀律的主管，」杜蘭說。

❶聯合資本於二〇一九年被高盛集團併購。
❷繁體中文版由天下化於二〇一一年出版。

團隊清單

多人合作本身就是一項挑戰，但有些工具可以為你減輕負擔，使團隊成員負起責任、全神貫注、提高生產力。會議與進度追蹤能協助任務維持在正軌上，但靠清單我們能完成更多事，以下舉幾個例子：

一、分配職責

誰負責哪些任務一定要很明確。案子一開跑，職責就要分配清楚。每個任務都至少有一個負責人，無論任務進行得是好是壞，此人都要負起全責。

二、善用科技

有些軟體能提升團隊合作的效率，你不妨試試看，說不定它們可以成為團隊合作的助力。

1. Evernote筆記軟體。Evernote是記錄筆記、想法和清單的強大整合工具。許多裝置都可使用，包括手機和電腦。資料都在雲端，隨時隨地都能下載及更新內容。

我超愛用Evernote。我跟部落格的實習生在Evernote共用資料夾，每當我們對部落格的內容有新想法，或是看見有興趣的文章，就會放上Evernote。我們也會為彼此製作待辦清單，而且可以輕鬆看見有哪些任務尚未完成。

每週開電話會議之前，我會把議程放上Evernote。大家都能看見議程，也可以加進他們想要討論的事項，如此一來該討論的事情就不會遺漏。我們也能回顧上週的議程，看看是否有懸而未決的事情必須處理。

Evernote是共同寫作的利器。有時候我會想到適合發文的內容，例如與清單有關的電影橋段，這時我會在Evernote裡寫一則，與寫作靈感和電影有關的筆記，然後再請實習生調查一下相關內容，填補遺漏。在Evernote共享筆記時，一定要給每位使用者指定不同顏色的字體，這樣才知道修改內容或提出建議的人是誰。

Evernote有免費版，若想使用專業版需要付費。我公事與私事都會用Evernote（下一章會有更多說明），所以用專業版很划算。

2. **谷歌（Google）文件**。我算是比較晚才開始用谷歌文件，真的非常好用。可以多人共用試算表和其他文件，裡面的追蹤修訂、增加註解和更新內容等功能都很簡單。我發現編輯文件和腦力激盪的時候，谷歌文件特別好用。

3. **Asana專案管理平台。**現在像Asana這樣的專案管理軟體不少。我對Asana的認識來自科技專家卡莉．納布拉克（Carley Knoblock），我曾在部落格裡介紹過她。她會把待辦清單匯入Asana，然後視需要分派任務。

Asana是管理專案的儀表板，概念是將專案與任務指派給團隊成員，也能輕鬆分享內容。每當一項任務完成之後，負責人可在清單上註記，讓整個團隊都知道此事已完成。每項任務都可以設定期限與提醒通知，你無須事必躬親也能確保大家各司其職，掌握專案進度。

Asana也有簡訊功能，團隊成員可針對特定任務傳訊溝通，訊息會自動儲存，大家都能看見完整的來龍去脈。這是擺脫電子郵件往返的好方法，不用為了撈出以前的回覆而大海撈針。你也可以上傳檔案到某一個任務專區，在裡面創造子任務。

使用確認清單時，子任務非常重要。舉例來說。無論是新客戶或新員工加入團隊，一定會有一套固定的新手上線流程，你可以根據這張確認清單，列出幫助新手上線該做的每一件事。你可以用子任務的方式，將這些事分派給不同的團隊成員，這樣新手客戶或員工就能快速上手。

我每次收新的實習生，固定的新手上線流程是：

□開電子郵件信箱。

□說明工作內容與職責。

□註冊Evernote帳號。

□其他。

如有需要，我可以把這些子任務匯入Asana再分派給其他人。所有的事情都集中在同一處，很好找，而且任務是否完成我也看得見。你也可以把資訊都放在同一個地方。假設你必須記住某一個客戶的密碼、使用者名稱或FTP位址，儲存在Asana很方便。「基地營」（Basecamp）也是類似的專案管理軟體，不過我最常用的還是Asana。

三、善用低科技解決方案

我待過的第一個新聞部，辦公室裡只用一塊巨型白板追蹤新聞動態。採訪主任會列出哪些記者正在跑哪些新聞，包括攝影記者是誰、地點在哪以及截稿時間。大白板是讓人一目了然的好方法，簡單有效。若你的團隊同時處理每日專案與長期專案，這套系統或許很適合你。

手寫待辦清單也很好用。我曾與行銷行家公關公司（Marketing Maven Public Relations）的執行長兼總裁琳賽．卡奈特（Lindsey Carnett）聊過，她說她請每一位員工建立待辦清單：「我自己有一張主清單，然後請團隊成員把自己的清單加進來，這能幫助他們管理各自的小組，同時又為任務安排優先順序，確定該做的事情都能完成，沒有遺漏。」

☑你知道嗎？

蔡加尼克效應（The Zeigarnick Effect）

蔡加尼克效應的定義是，相較於已經完成的工作，未完成的工作較容易放在心上（資料來源：Merriam-Webster.com）。名稱以蘇聯心理學家布魯瑪．蔡加尼克（Bluma Zeigarnick）命名，她率先提出這個理論，認為想要把事情從頭到尾完成，是人類的天性。

將清單管理專案化

將任務寫進待辦清單之後，接下來必須採取實際行動。我的建議是再寫一張清單。（別急著罵我，我知道這建議會害死百萬棵樹，一點也不環保。但我們可以將清單「數位化」，詳情請見第八章。）

假設你的任務是寫一本書，這個巨大的「待辦事項」必須拆解成步驟才行（相信我，這是我的親身經歷）。想一想為了完成這個任務，有哪些非做不可的事，一一寫下來。例如：

- □腦力激盪出書的內容。
- □問問別人對這些內容的看法。
- □調整內容。
- □學會擬定書的企畫案。
- □寫一份出書企畫案。
- □找版權代理。
- □找出版社。
- □寫書。

就算走到最後一個步驟，也不代表不需要再寫清單。若你想寫一本書，你必須安排寫書的時間，並且設法把這段時間空出來。你懂我的意思吧？待辦事項沒那麼單純，有些特別耗費心思與精力，而這或許正是完成任務的關鍵所在。經常有人告訴我：「清單上的待辦事項老是沒空做！」答案就在這兒，他們沒有化清單為行動。只要按照我的建議，寫完清單後再列出必須採取哪些實際行動，我保證你做事會更有成效。

☑你知道嗎？

雅虎前執行長梅莉莎．梅爾（Marissa Mayer）也有寫清單的習慣

她在接受社群新聞網站Mashable.com訪問時表示，她用待辦清單安排處理事情的先後順序，這是她從大學同學身上得到的啟發，將待辦事項依照輕重緩急排序。如此一來就算事情做不完，她的朋友也不不至於因此崩潰，反而覺得很有成就感。

「如果真的做完〈清單上的每一件事〉，我會覺得很失望，」梅爾在受訪的文章裡說，「因為我寫在清單底部的那些事，根本不值得花時間去做。」她也說明了自己為什麼不肯花時間做不重要的事情。

5

居家清單：忙碌生活的鎮定劑

維持家庭生活的平衡，可說是每日的奮鬥史。看醫生、裝修廚房、財務管理、往返洗衣店，還要擠出時間做晚餐，我們的生活步調就是這麼緊湊。但如果用清單式思考管理家庭生活，你會輕鬆許多。

我們先來看一下一日行程如何安排。許多人平日要上班，跟家裡有關的事務只能留到週末處理，因此如何充分利用週末很重要。你必須事先計畫，否則時間一下子就過去了，只留下一事無成的待辦清單。

接下來說說我管理家庭清單的做法。我對家庭清單的要求，不像工作清單那麼嚴格。前面說過，我的清單都寫在筆記本裡，通常是記者用的筆記本：厚度較薄、形狀瘦長、有格線。我把這本筆記本放在書桌上，每日持續不斷把接下來一天、一星期和一個月必須完成的事寫／更新在裡面，這就是「主清單」。

如果有需要，我會為每一天另外寫一張「待辦清單」。通常我會利用休假日一開始做這件事，盡可能把主清單上的每件事都安排妥當。我會先把主清單看一遍，想想哪件事應該放在哪一天做。如果送洗的衣物已在洗衣店放了一個多星期，去洗衣店拿衣服的重要性就比較高。我會依照期限來安排順序。**必須先完成的事寫在最上面，然後由上至下依序列出**。如此一來，我當天沒有完成的任務就會放在隔天清單的最上面。

寫每日清單的重點是實事求是。你只有這麼多時間，能完成多少事情？準確判斷一項任務需要花多少時間完成，對你大有助益。朋友說：「我五分鐘後到」，結果二十分鐘後才抵達，這種事你應該司空見慣吧？估計時間務實一點，這樣反而能完成更多事情。

知道何時該幫清單踩煞車也很重要。清單上的待辦事項不一定能在一天之內完成。健康與績效顧問海蒂・漢納告訴我，當她領悟到「今天做不完就算了」的那一刻，人生從此變得不一樣。「我對清單保持著『做多少算多少』的心情，每天早上我都告訴自己，如果到了中午我已經完成夠多任務，接下來的時間我可以放鬆，處理雜事或做什麼都可以，因為我今天能做的待辦事項已達『配額上限』。」她說。

共享清單

若你必須仰賴別人協助時，該怎麼辦？那就共享清單吧。共享清單可以很簡單，例如把待辦清單撕成兩半，分半張交給你的另一半負責。也有複雜一點的做法。

我在前面介紹過專案管理工具Asana，也可以用來管理居家清單。首先，「團隊／夥伴」裡的每一個人必須共享相同的資訊，這樣才不會有人出錯。無論是去藥局拿藥，還是帶孩子去看醫生時該問哪些問題，都能順利完成。可以共享清單、提高工作完成度的App不少，我將在第八章深入討論。

超市購物

我的超市購物清單上，寫的採購品項都差不多。每個星期我都會買牛奶、英式瑪芬蛋糕、草莓、藍莓、覆盆子、蘋果、香蕉、冷盤火腿切片、麵包等等。這些東西是購物清單上的固定品項，既然如此為什麼還要寫下來？這樣我就不用特別記住它們，完全不費腦力。上超市購物如果沒帶清單，一定會花掉更多金錢跟時間。

我相信大家都做過這種事，酪梨看起來不錯就隨手拿一顆，最後只是在廚房流理台上放到爛掉。有夠浪費！有了購物清單，你就不會迷航在貨架之間。清單能為你省時，因為你可以鎖定目標，快速進出超市。

以下提供幾個寫購物清單的小訣竅：

1. **花幾天的時間寫清單**。每天只要有東西用完或吃完，或是想起有什麼該買的東西，我老公跟我都會隨時寫進購物清單裡。一想到就寫下來，這樣才不會忘記。

2. **清單放在固定的地方**。我的購物清單固定放在廚房的抽屜裡，需要更新內容時隨時找得到。缺點是有可能忘記清單的存在，或是想加入品項時清單不在手邊。但我已找到解決之道，詳情請見第八章。

此外我發現，如果是自己喜歡的紙質，我會更樂意用手寫清單。如果你跟我一樣喜歡文具，或許可用這一招來增加自己寫購物清單的動力。

3. **購物前先想好菜色。**我跟老公走路去超市之前（我們住在紐約市，不用仰賴汽車），會先討論那一週想吃哪些菜色，然後把做這些菜需要的材料寫進清單裡。這麼做可減少在超市裡閒晃的時間，也不會亂花錢買我們不吃的東西。另一個好處是，下班後回到家腦袋只想放空的時候，不用費心思考要煮什麼。事先想好一整週的菜色會讓生活更加輕鬆。

安排一星期的菜色沒那麼難，以下提供幾種方法：

□把全家人都喜歡的食物跟菜色列成一張清單，參考清單挑選菜色。把這張清單放在固定位置，以免找不到！

□隨手收集食譜，跟菜色清單放在同一個地方。無論是從雜誌上剪下來的食譜，還是從網路印出的食譜，都集中放在一個檔案夾裡。下載的數位食譜也採用相同原則：放在容易找到的地方。（我使用Evernote，細節請見第八章。）

□使用餐飲規畫服務。沒錯，這種服務確實存在。「E餐點」（emeals.com）和「新鮮二〇」（thefresh20.com）之類的網站，都提供付費的餐飲規畫與購物清單服務。乍看之下，花錢使用這種服務似乎有點荒謬，但想想你能省下多少時間、心力，還能減輕壓力。有能力做一件事，不代表那件事一定要由你來做。

4. 線上購物。我最喜歡的食材網購平台是「新鮮直送」（FreshDirect.com）。你可以去他們的「貨架」逛逛，列出你需要的食材。這個網站也提供現成的食物與食譜。這是很棒的偷懶方法，你把逛超市的時間用來做更有生產力的事。我也會把自己愛吃的菜寫成常用食材清單。例如我經常做火雞肉漢堡，所以我把火雞肉漢堡的食材存在「新鮮直送」的清單裡，滑鼠點一次就全部進入購物車，無須一一回想。網購要付運費，但每月多次方案可享折扣。「新鮮直送」只服務紐約市，你可以找找你家附近有沒有類似的網購服務。除了「新鮮直送」之外，「豌豆莢」（Peapod.com）、「一起購物去」（WeGoShop.com）也是我常用的食材網購平台。

財務規畫

討厭！數字令人頭痛。雖然我一看到數字就焦躁，但我知道規畫財務是一件極為重要的事。好好理財能幫你做出更聰明的財務決定，進而累積財富。若你態度消極，希望財務問題會自動消失，最後只會傷害自己。看看從女服務員晉升理財達人的蘇西．歐曼（Suze Orman）的經歷就能明白，知識就是力量。

還記得第四章提過的喬・杜蘭嗎？就是那位財富管理顧問公司的共同創辦人，他每次開會都會準備一張檢查清單。他的著作《金錢密碼》（*The Money*）是《紐約時報》暢銷書。

這本書在教讀者如何參考資訊、正確理財，而且還用故事的方式說明，非常易懂好讀，連像我這樣討厭數字的人也看得懂。重點是書裡也附了一張檢查清單！杜蘭說個人理財財務必要記住一件事：做決定不能感情用事。但說起來容易，做起來又是另一回事。這時檢查清單就能派上用場。

杜蘭說：「用冷靜、理性、安全的方式處理挑戰或問題，不要讓它愈滾愈大，變得棘手。」

杜蘭跟妻子有開「週六會議」的習慣。他的妻子負責寫檢查清單，列出週六會議要討論的重要事項，例如社交行程、財務預算、孩子的教育和其他該做的事。週六會議強迫夫妻倆每週坐下，審視家庭生活一次。杜蘭說，這也使他們週間不再為了小事吵架。因為問題不分大小，留到週六處理就對了，這是他們的共識。

日常理財

減輕壓力是我信奉的原則，而金錢是造成壓力的主要來源。完全不理財，是人生最大的錯誤之一。「沒有妥善處理金錢問題，是最大的焦慮源。你必須好好理財，給自己一張時間表，」艾瑪．強森（Emma Johnson）說。她是企業與個人理財作家，經營部落格「有錢單親媽咪」（Wealthy Single Mommy）。

網路銀行。如果你還沒用過網路銀行，我建議你趕緊試試。這是即時掌握帳戶情況的好方法。可以隨時確認支票是否已兌現、薪水有沒有匯入，真的很方便。你也可以利用內建系統來支付各種帳單。我只要一收到帳單，就會上網路銀行預約繳費。如此一來，就不用擔心發生帳單逾繳的情況。

艾瑪．強森建議，盡量使用自動扣款的方式繳費。有些支出是固定支出，很適合用自動扣款，例如房租或貸款、水電費、車貸等等。她認為自動扣款有助於紓解焦慮，因為你不用擔心自己錯過各種繳費期限，自動扣款會幫你搞定。

管理債務。背債的人應該用清單掌握自己的還款進度。逃避不會讓債務自動消失，**所以不如好好規畫。**

整理單據。保管單據有助於管理支出，報稅時也比較輕鬆。關鍵是把單據存放在同一個地方，可放在手機裡，也可放在檔案夾裡。

艾瑪・強森用的是「老派」做法，她把私人與公務支出的單據都放在同一個紙板文件夾裡。你也可以用手機App或網站管理單據。

規畫預算。把各種支出寫進清單裡，規畫財務會更加容易。舉例來說，如果你打算削減支出，那麼把所有的支出項目攤開在眼前，會更容易揪出不必要的支出，比如說你不需要訂那麼多本雜誌。

許可清單

在規畫預算的時候，艾瑪．強森也建議大家寫一張「許可清單」。我很喜歡這個概念，把你「許可」自己購買的東西一一列出，包括你真正需要或真正想要的東西，但唯一前提是符合現實考量。

艾瑪．強森說：「以化妝品來說，如果是你真的會用的東西，趁打折的時候購入很划算。如果用不到，即使有折扣，買了也是浪費。」我的許可清單上有一項是「請會計師報稅」，艾瑪・強森說她也有！「報稅和拖延報稅的壓力跟焦慮感使我心力交瘁，所以這筆支出絕對物超所值，」強森說。

一切只為輕鬆報稅

報稅季肯定是全民最討厭的時期。其實只要平時做好準備，報稅時就不會壓力那麼大。我每年都會把報稅要用的文件做成清單：

□列舉每一項薪資所得表格（美國稅務W2表格）。
□列舉每一個銀行／證券帳戶表格（美國稅務一〇九九表格）。
□扣繳明細（包括與工作有關的支出以及慈善捐款）。
□其他稅務證明與單據。

平常時時更新這張清單，到了報稅季就會比較輕鬆。我一整年都會收集報稅資料，報稅季一到，就把資料夾交給會計師。提早多做些準備可省下許多煩惱，絕對值得。

清單也能顧健康

除了心理治療之外，清單也能用來維持身體健康。我剛開始寫部落格的時候，寫過一篇醫生在手術室裡利用檢查清單的文章，我們的朋友凱特（Kate）看了文章之後提供了很棒的回覆。她是位老師，也是三個孩子的媽。她說清單確實救了她一命。

你沒看錯。寫清單提醒自己不要忘記重要的事，確實延長了她的生命，很神奇吧。她告訴我，她在育兒、工作與私人生活之間疲於奔命，多虧有待辦清單提醒她別忘了預約每年一次的身體檢查。

「檢查發現我有罹癌徵兆，醫生為我進行預防性處置之後，我罹患乳癌的機率大幅下降。誰料得到一張提醒我打電話預約健檢的待辦清單，居然能夠救我一命？但它就是做到了，」她在回覆中寫道。

梅蘭妮．楊恩除了是抗癌鬥士也是位作家，著有《放下煩憂：抗癌鬥士教你如何勇敢面對乳癌》（*Getting Things Off My Chest*），她的清單人生始於一本朋友送她的筆記本。你還記得楊恩吧？她用清單總結前一年發生了哪些事，也用清單列出元旦生日那天想去哪裡旅行。

「朋友要我留著這本筆記本。她把我應該問醫生的問題寫在筆記本裡，我在接受乳癌手術前，帶著她給我的清單，加上有的沒有的問題四處尋醫，從那時候開始，我養成了寫清單的習慣，」楊恩說。

她寫了很多清單，數量多到她決定寫一本書鼓勵剛確診乳癌的病友。她的朋友若確診乳癌，也會向她索取清單。楊恩的清單是她做過大量調查之後的結晶，而且內容井然有序，對病友甚有助益。

無論生什麼病，帶著一張清單去看醫生，能使你的提問不那麼發散，獲得你真正想知道的資訊。我以前就曾在看完醫生之後，才懊惱地想起：「我忘了問醫生這個問題。」養成清單式思考的習慣，先把你擔心的事寫成清單再去看醫生。

對定期健檢和重大健康問題來說，清單一樣有好處。楊恩說：「我發現對自己和有過同樣心路歷程的朋友來說，這種做法幫了大忙，」清單是「能讓她們一邊看一邊集中精神的東西。」

我會在每年一月把那一年要預約的門診按月份列出來，然後在手機行事曆設定提醒，不給自己藉口忘記。預防勝於治療，而且說不定能救你我一命。

健康食物清單

前面說過提早規畫菜色的好處，但我沒說的是，這種做法也對健康有益。在家吃飯你吃進的食物分量與熱量一定比較少，而且又省錢。寫一張菜色清單果真好處多多。

營養師喜歡建議客戶寫「飲食日記」，這是一種維持健康飲食的工具。營養師派翠莎．班農（Patricia Bannan）在著作《緊湊生活的健康飲食法》（*Eat Right When Time Is Tight*）裡指出：「研究顯示，只要寫下自己在哪些時間吃了哪些食物，減重就能發揮作用，也能幫助你做出健康的飲食選擇。」

我念大學時，有個室友會把自己想吃的零食寫成清單。當時我覺得她很誇張。現在回想起來，她還真是聰明。花幾分鐘寫下自己愛吃的健康零食，這個行為本身就是一種規畫。如此一來在你肚子餓的時候，不需要花太多力氣就知道該吃什麼。從健康零食清單上選一樣就行了，不用考慮薯片或餅乾這類垃圾食物。

健康與績效顧問海蒂·漢納跟許多人討論過營養、體力和工作績效之間的關係。她也會建議客戶寫零食清單。「選擇太多的時候，大腦會被各種資訊淹沒，進入『分析癱瘓』的狀態，使我們喪失做決定的能力，」她說。

大腦資訊超載

生活中的許多方面都有「資訊超載」的情況。漢納建議工作五十分鐘，休息十分鐘。這十分鐘能用來做什麼？預先列出你想做的事，不要等休息時間到了，才花力氣思考。比如說，你可以寫下：

□逛臉書。

□散步。

□看YouTube的可愛動物影片。

□做伸展運動。

□打電話給爸媽。

□看雜誌。

這些事提前想好，壓力就不會那麼大。

你知道嗎？

減少決定可以減輕壓力：總統挑選西裝的小撇步

歐巴馬總統接受雜誌《浮華世界》（*Vanity Fair*）的訪問時，向編輯麥可・路易斯（Michael Lewis）透露了一個小秘密：他的西裝只有灰色跟藍色兩種顏色。在二〇一二年十月刊出的這篇報導裡，歐巴馬總統說：「我盡量減少需要決定的事。我不想費心決定要吃什麼、穿什麼，因為我每天要做的決定實在太多。」

他承認做決定使人心力交瘁，他希望日常生活愈千篇一律愈好，不要搶走他做重要決定的心力。這招很有用，你不妨試試。可用一週做個實驗，每天晚上都先把隔天要穿的衣服選好，而且無論發生什麼事，選定了就不再變卦。就算突然下雨或下雪，你也非穿這套不可。感受一下早晨出門前的你是否變得更加從容。至少對我來說，這個做法減輕了很多壓力。如果沒有事先選好衣服，我出門前會浪費時間試穿好幾套衣服，最後才急忙衝出家門。用這樣匆忙的方式開啟一天不是什麼好事。

6

☑ 社交清單：擺脫人脈經營的牢籠

規畫社交生活是我最喜歡的清單功能。無論是派對、活動、旅行或甚至只是一通電話，我都會拿出清單妥善規畫，確定萬無一失。

友人聊天清單

每個人每天都有一大堆事情要忙，找時間跟朋友聚聚可沒那麼容易。人際關係對身心靈有正面助益，梅約診所（Mayo Clinic）的報告指出，友情能帶來幸福感、減輕壓力，還能幫助我們度過難熬的時刻。

你是否曾興奮地跟朋友聚會之後，才想起「我怎麼忘了告訴你那件事？」我有過這種經驗，所以現在跟朋友聚會之前，我都會先把想說的事情寫下來。只要約好要跟朋友見面，就開始寫下我想跟對方分享的事。有時是寫在筆記本裡，有時是寫在App裡。我會把值得跟對方分享的每一件事都寫下來，例如我最近愛上某個色號的指甲油，我覺得朋友應該也會喜歡，那就趕緊記下。這張清單上有雞毛蒜皮的小事，也有嚴肅的大事。我必須把它們全部寫下來才行，否則我肯定無法全部記住。

有陣子我的幾個朋友也學我寫聊天清單。每次聚會前，我們都會提前用長長的電子郵件，輪番寫下聚會當天要跟彼此分享的事情。我們會給每件事取個好笑的標題，然後在聚會時，讓每個人輪流說自己想講的那件事。一開始我提議寫清單時，他們都覺得我瘋了。但最後大家跟我一樣重視這張清單。

以下是幾個與親友聚會前，你應該考慮把聊天話題寫成清單的理由：

□ **聊天不離題**。尤其是一邊聊天一邊喝酒的時候，話題很容易四處發散，回不到真正重要的主題。

□ **話題不會忘**。你可以在聚會前花幾分鐘把想講的事寫下來，或是平常想到就隨時記下。

□ **不再有冷場**。你可以不用擔心聊天過程中出現冷場，只要拋出一個話題，想講這件事的人就能立刻登場。

電話專屬清單

進入數位年代之後，打電話的藝術日漸消亡。研究顯示二〇一二年的簡訊總數量高達八兆。單位居然是「兆」！很多人不再打電話，因為簡訊只要打幾個字，意思到了就能傳出去，方便許多，但其實只要稍微規畫一下，打電話也可以井井有條。

我的一位朋友說，她現在跟媽媽通電話時都無話可說，她覺得挺難過。很多人都有這種經驗，輪到你說話時，腦袋突然一片空白，或是簡訊這類工具讓你忘了如何對話。這時候清單可助你一臂之力。我建議這位朋友在打電話給媽媽之前，先把想告訴媽媽的事挑重點寫下來。她聽從我的建議寫了一張清單，這次她跟媽媽通電話的時候，終於順利向媽媽完整報告了自己的生活近況。她很開心，因為她終於找回跟父母之間的情感聯繫。她媽媽也說，母女倆很久沒聊得這麼暢快了。朋友告訴媽媽這是因為她寫了一張清單。這種時候不用覺得寫小抄很可恥，畢竟對方是自己的媽媽，而且效果皆大歡喜。請務必試試看。

旅行規畫清單

巴黎是我非常喜歡的城市，當我有機會跟老公傑伊一起拜訪住在巴黎的朋友時，我們立刻決定出發。妮可（前面提過的打包奇才）跟彼得都是紐約人，兩人決定搬到光之城巴黎短居三個月，因為他們也超愛巴黎。我們只能玩三天，所以行程排得滿滿當當。這是傑伊初次造訪巴黎，除了知名觀光景點，我們也希望能逛逛幾個私房景點。

妮可跟我一樣有事先規畫的習慣，所以我們兩個迅速著手安排行程。在交換了一百萬封電子郵件之後，我們將待辦清單去蕪存菁，把行程相關的事項全部記錄在Evernote裡。

□吃起司火鍋。

□喝美味葡萄酒。
□逛羅浮宮（挑重點觀賞）。
□盧森堡公園野餐。
□吃可頌。
□騎賽格威平衡車（Segway）遊覽巴黎。
□搭塞納河遊船。
□吃可麗餅。
□看國慶日煙火。
□去名店拉杜蕾（Ladurée）吃馬卡龍。
□聽一場戶外蕭邦演奏會。

接下來，我們把這些想做的事排進每日行程表。盧森堡公園野餐跟拉杜蕾馬卡龍不會排在同一天，因為這兩個地方距離很遠。諸如此類的細節都必須納入考量，於是，第一天的行程是這樣的：

星期五

- □早上八點半：抵達（時而晴朗的）巴黎。
- □早上九點半至下午一點半：入住飯店，補眠。
- □下午一點半：會合之後一起步行去拉杜蕾，地址香榭麗舍大道七十五號，實拉將第一次品嚐馬卡龍。
- □下午兩點至四點：在飯店附近吃一頓豐盛午餐；步行去維多利亞咖啡館，地址皮耶夏洪街六十四號。
- □下午四點半至五點半：從香榭麗舍大道進地鐵搭一號線，前往塞納河搭觀光船。起點市政廳，終點艾菲爾鐵塔。下船後在附近散步。

□傍晚六點半至晚上九點半：參加賽格威平衡車遊巴黎。在艾菲爾鐵塔附近取車，艾德加佛賀街二十四號還車。

□晚上十點：在艾菲爾鐵塔／特羅卡德羅廣場附近看燈光秀。

□晚上十點半：在馬拉克夫咖啡館吃晚餐，地址特羅卡德羅廣場六號。

搭地鐵或計程車回飯店，好好睡一覺！

有些人會說：「放輕鬆，你們在度假耶！行程幹嘛排這麼滿？」我完全理解他們的意思，但是安排好行程表既省時又省錢。我覺得事前規畫、做功課，才是更好的旅行方式。當然，我們保留了調整行程的彈性，但是在短短的三天內，我們想去的地方都去了。我們還研究過菜單、價格、博物館的開放時間，這樣旅遊起來反而更輕鬆，因為辛苦的事早已提前搞定。

電視製作人的時間管理秘訣：回推時間

做電視新聞，最重要的就是掌握時間。製作人、主播、記者、攝影師、剪接師都遵守非常嚴格的工作時限。有些新聞必須快速剪好播出，這時候時間管理就是成敗關鍵。我從事電視新聞十多年，早被時間管理思維制約到連日常生活都變得更有效率。

時間管理

我有一個時間管理技巧叫「回推」，用來確定每一則新聞的長度，加起來剛好是一集節目的時間長，這樣節目才能準時結束。進行方法如下：執行製作人先依照重要性決定每則報導的時間長度，所有的時間長度加起來剛好是一集節目長。頭條新聞、體育新聞、氣象、娛樂新聞等等，全部都要塞進去。

新聞播報很像挪動一片片拼圖：直播鏡頭、棚內來賓訪談、各種來源的影片、無數名記者、主播、金句等等鏡頭。夜復一夜拼湊各項要素絕非易事，但只要晚間新聞順利播完，就表示這項任務已順利達成。

生產力小撇步

回推時間的好處

回推時間就是把時間往回推算。假設節目長度是一小時，從最後一秒開始往回推算到第一秒，標註每則新聞切入與切出的時間記號。直播時，每則新聞都要剛好對上時間標記。如果對不上，就必須調整：體育新聞縮短一些，或是可愛兔兔的新聞整個拿掉。保留調整的彈性，節目才能準時結束。現在的製作人很幸運，可仰賴電腦軟體回推時間。當年我剛入行的時候，這種科技還不存在。我必須手動回推時間。雖然我討厭算數學，但這個方法確實很好用。

（接續上一頁）

日常應用

日常生活如何應用回推時間這一招？其實任何事情都能用。我自己的婚禮就用過，每天處理雜務以及規畫旅行也用得上。步驟如下：

1. 想想你總共有多少時間。
2. 從結束時間開始回推。
3. 估算每件事各自需要花多少時間。
4. 如果做不完，就調整一下時間長度。
5. 確定行程，按表操課。

帶年幼的孩子出門時這一招很有用，因為帶小孩出門要準備的東西超多！事先規畫，想好出門前必須做的每一件事，各需要花多少時間，再從預計出門的時間往回推，就能知道自己必須幾點開始準備。如此一來，你絕對能夠準時走出家門。回推時間這一招適用於各種任務與活動，有助於減輕壓力、節省時間，因為你的效率會變高。

此生最大的派對：婚禮

做為一個熱愛規畫的人，籌辦自己的婚禮帶給我無窮樂趣。傑伊和我選擇在波多黎各舉辦海島婚禮，這對人在紐約的我來說是一大挑戰，幸好有清單當我的後盾。幾乎每個環節都有一張清單：

- □賓客名單。
- □廠商與場地候選名單。
- □必須提早寄送的迎賓小禮。
- □打包清單。
- □婚禮週末的賓客行程。

有些朋友喜歡去熱帶地區或熱門景點參加婚禮，但也有人不喜歡。克服批評、決定了賓客名單之後，接下來才是規畫的重頭戲。籌辦此生最重要的活動，條理分明是成敗關鍵。七零八落的計畫只會造成壓力，使你無法樂在其中！

1. **選擇地點**。在挑選婚禮的舉辦地點時，注意事項超級多，比如一定要選擇多數賓客都方便前往的地方。還有，他們為了參加你們的婚禮，花了很多錢跟時間，要對他們好一點，事先查好婚禮地點的那個週末，當地有哪些有趣的活動。你不需要幫他們安排得面面俱到，只要提供相關資訊就是一種體貼。

2. **選擇廠商**。這是遠距規畫活動最大的困難之一。我的建議是偶爾不妨冒險一下，當然還是要做足功課。要是你決定跟我們一樣請婚禮顧問籌辦，這筆錢很可能是最划算的婚禮開銷。找當地婚顧的好處是，他們已跟當地的業者合作過。只要找信得過的婚顧，他們提供的建議應該不會有問題。你也可以問問曾在當地辦過婚禮的朋友，請他們推薦廠商。

3. **跟廠商開會**。開會前一定要做足準備，無論是電話會議，還是親自碰面，把你想問的問題一一列出，請廠商提供前客戶的聯絡方式，因為前輩的經驗對你大有幫助。

4. **放鬆心情**。海島婚禮充滿悠閒的氣氛，所以請注意，不是每個廠商都跟你一樣上緊發條。對我這種A型人格的龜毛紐約客來說，這一點特別難適應。有時候我會心慌到抓狂：「我十五分鐘前寄出的電子郵件，到現在還沒回音。」海島的步調跟都市不一樣。試著接受這一點，你會比較快樂。

5. **打包清單**。一張詳盡的打包清單能為你省下不少麻煩。你要記得的事情已經一大堆，打包清單愈早開始寫愈好。如果需要幫助，我的部落格裡有一張「景點婚禮打包清單」（Destination Wedding Packing List）可供參考，亦收錄在本書的附錄之中。

晚宴、慈善酒會、生日派對、讀書會，任何活動的籌畫都能在清單的協助下順利圓滿。明明是自己主辦的活動，但有些人會因為過度擔憂細節而無法樂在其中。其實只要好好規畫，搭配經過深思熟慮的各式清單，就能在活動開始前完成大部分的工作，到了活動當天跟賓客一起同歡即可。

送禮

我跟我婆婆都喜歡送禮，更愛選購禮物。但這不是重點，重點是我婆婆很擅長挑選禮物，總是能送出匠心獨具又適合對方的禮物。送出對的禮物感覺很棒，送禮的一方表達關懷，收禮的一方感到窩心。

找到完美禮物的關鍵在於提早構思。以下是送禮專用檢查清單：

1. **儘早開始**。你是否曾經等到最後一刻才選購禮物，結果不是花太多錢，就是不得不買那個最方便而不是最適合的禮物？儘早開始構思，就不會發生這種事。無論是朋友生日還是其他特殊場合，至少提早兩個月開始構思禮物。

年底有各種節日，我很早就會開始選購禮物，每年都是八月開跑。除了可以認真思考要送清單上的親友什麼禮物，還能充分利用各種特賣折扣撿便宜，例如開學折扣、勞動節折扣、哥倫布日折扣、退伍軍人節折扣等等。

2. **腦力激盪**。我每個月都會把行事曆檢查一遍，看看接下來幾個月有什麼活動或生日，按照時間順序一一寫下來。接著我會逐一思考送禮對象的喜好、需求和最近的興趣。什麼禮物能使對方會心一笑？這應該是一張不斷更新的清單，想到新的點子隨時加上去。這些送禮的點子也可以挪用給耶誕節或週年紀念日。提前構思有助於減輕壓力，送禮的日子到來時也不至於手忙腳亂。

3. **四處查訪**。把腦力激盪的結果寫成清單，就可以開始四處查訪。

我會去不同的店家或網站逛一逛，把朋友或親人可能會喜歡的東西記下來。動手寫下在報章雜誌上看到有趣的禮物。清單隨身攜帶，就連旅遊的時候也能更新內容。

4. **禮物紀錄**。我把曾經送出的禮物記錄在筆記本、或Evernote裡，以免送出重複的禮物。除非對方真的超愛某樣東西，大部分的情況下，沒人想要年年收到一樣的生日禮物。為你的送禮對象寫一本禮物紀錄，就能避免「重複送禮」的窘境。

我無意間發現一個有趣的網站，或許能幫助許多人整理思緒，獲得自己想要的禮物。這個網站叫「我的登記表」（MyRegistry.com），使用方式跟結婚、生子的禮物登記清單一樣。你可以把想要的禮物全都放在網站上，而且不限同一家店，要買哪一家的東西都可以。是不是很棒？你可以在這裡建立以喬遷之喜、生日派對、畢業典禮、年終犒賞等主題的禮物清單。這不限於新婚夫妻跟寶寶派對專用的網站，你可以把自己一直想要或需要的東西寫進清單裡，就算是單身也適用。

我知道禮儀專家看到主動說想要什麼禮物這種事，肯定會倒抽一口涼氣。我以前也是這樣想，但是說真的，這種做法既省時又省錢。朋友直接告訴我他們想要什麼禮物，我就不用浪費時間逛街挑禮物，簡直雙贏！這主意超棒！

5. **謹守預算**。想找到自己真的很喜歡的禮物，或是買禮物的時間非常有限，都很容易超出預算。可是，比較貴的禮物不等於比較好。買禮物時請設置預算，一定不要超出預算。這樣才會買得開心。假設我在書店裡看到一本書，而且知道我媽一定會喜歡，我會記下書名，然後上網購買。時間充裕（因為提早構思），你才有辦法貨比三家、節省開支。

能夠暢所欲言的清單

在社交場合手足無措，不知道該說什麼才好，這種情況大家都碰過。這種尷尬場面令人焦慮、壓力、心神不寧。跟人生中的許多事情一樣，你必須「先裝模作樣，再弄假成真」。這時你需要的是：清單。

下次不知道該說些什麼的場合，可試試用這幾句話和幾個問題打破冷場：

晚餐聚會

有些人可能視晚餐聚會如猛獸。被迫閒聊、陌生人裝熟、尷尬的沉默等等，都讓人坐立難安。其實無論是晚餐聚會或雞尾酒會，只要事先做好準備，你會玩得更開心。以下是幾個擺脫尷尬的好方法：

- □ 問對方開放性的問題，不要問是非題。
- □ 讚美對方。例如讚美對方的耳環，你們就能聊聊這對耳環是哪裡買的，然後愈聊愈多，變成有趣的意見交流。
- □ 討論時事。在稍微熟悉對方之前，我會避開政治和宗教，其他主題應該都能放心開玩笑。
- □ 聊聊美食。問對方喜歡哪些餐廳，或是造訪你家鄉的城市時去過哪些地方。食物通常是大家喜愛的聊天主題。

準媽媽派對

準媽媽和準新娘派對也可能是令人尷尬的場合。雖然賓客都認識女主角，但她們可能是女主角不同圈子的朋友，彼此毫無交集。只要提早想好破冰話題，就能找出彼此的共同點：

- □你跟準媽媽是怎麼認識的？
- □你小時候最喜歡哪本書？
- □聊聊旅遊計畫，旅行是打開話匣子的好主題。
- □聊聊跟婚禮或寶寶有關的電影。

電梯邂逅

我以前在電視公司上班時，每天至少會發生一次，搭電梯碰到其他樓層同事的尷尬場面。幸好我們公司的電梯裡，有二十四小時播放的新聞可以看，能稍微減輕電梯邂逅的窘迫。如果你搭乘的電梯裡沒有電視，可試試以下做法：

□面帶笑容。有時候微微一笑就能破冰。

□問對方要去那個樓層是什麼單位。

□尊重個人空間。不是每個人都喜歡在電梯裡閒聊，有時候保持沉默也無所謂。

參加喪禮

面對親友逝去，我們很容易被負面的情緒淹沒。如果你跟往生者不算熟識，更不知道該對親友說些什麼。以下是我的幾個建議：

□說說與往生者有關的美好回憶或小故事。

□「請節哀，我會為你們祈禱。」

□聊聊往生者的成就，例如對家庭、事業和社區的貢獻等等。

□賓客離開後，主動幫忙清理場地，如果你跟喪家夠熟，也可以主動幫忙煮晚餐。

萬用問句

□今天有什麼特別開心的事嗎？

□最近看了什麼電影？

□你喜歡看哪種類型的書？

□如果可以住在世界上的任何地方，你想住在哪兒？

□你會彈奏樂器，或是說其他語言嗎？

□你小時候是個怎樣的孩子？

遇到名人時該說些什麼

我的工作有超多機會碰到既有趣又有影響力的人，偶爾也包括名人。我曾經訪問過貝蒂．懷特（Betty White），當時我興奮到不行，因為我是影集《黃金女郎》（*Golden Girls*）的粉絲。沒想到居然有機會跟她聊天，甚至在新聞裡跟她短暫同框。那是美好的經驗，她超棒。

但我不是每次碰到名人都這麼冷靜。我從小到大一直是歐普拉的超級粉絲，但是當我在電梯裡碰到電視名人、歐普拉的好友蓋兒・金恩（Gayle King）時，我整個人驚呆。我不想突兀地對她說：「我也超愛歐普拉！」所以最後我什麼都沒說。

真的很尷尬。

你對名人的事業甚至私人生活都有所了解，但是對他們來說，你完全是陌生人。陌生人跑來關心你離婚的事，或是給你事業上的建議，誰都會覺得很奇怪吧。我想名人應該也是這麼覺得。既然如此，你應該說些什麼才對呢？

我曾把碰到歐普拉時想問她的問題寫成清單，每個問題都跟她有關。但後來我發現，我也需要一張一般性的問題清單，碰到其他名人時可派上用場，例如歐普拉的另一半史德曼（Stedman Graham），或是再次碰到蓋兒。為了不再無禮地保持沉默或是說出尷尬的蠢話，我列出一張與名人閒聊的話題清單：

1. **「我很喜歡你的『ＸＸ作品』！」**許多名人在成名的領域之外，還有自己私心喜愛的活動。若這些付出獲得讚美，我相信他們會很高興。

2. **「你覺得『ＸＸ角色』後來怎麼了？」**演出你喜歡的影集角色的

演員，很有可能跟你一樣喜歡這個角色，而且想過這個角色在影集結束後的人生。這問題超適合已故的詹姆斯・甘多費尼（James Gandolfini），就是影集《黑道家族》（*The Sopranos*）的主角。我想知道他對東尼老大的後續發展有何看法。

3. **「我做『ＸＸ件事』就是受了你的啟發。」**名人大多是藝術家，也希望自己的作品能夠發揮影響力。作品受到喜愛這種話，他們早就習以為常。雖然讚美的話永遠聽不膩，但是知道自己能對別人產生正面影響，應該會更有成就感。

4. **「你曾因為碰到偶像而手足無措嗎？」**名人也會崇拜偶像。如果你真的很緊張，想要找個方法破冰，不妨承認自己因為碰到名人所以很緊張。對方很可能也有過類似的經驗。這個方法似乎有點極端，但是我的實習生碰到搖滾歌手大衛・馬修斯（Dave Matthews）時用過這招，效果很好。

5. **「項鍊好酷！哪裡買的？」**碰到自己不太認識的名人時，很適合丟出這句話。選擇對方身上最亮眼的單品來提問，說不定背後有一段感人的故事，或是帶出一段有趣的對話。

無論你決定說些什麼，記得保持呼吸、不要驚慌，把這次邂逅變成可以炫耀一輩子的回憶。

7

海闊天空的外包人生

每次星期一早上我進辦公室，問同事週末過得怎麼樣，很多人的答案都是：「歡樂的時光總是太短暫！」大家總是抱怨時間不夠用，希望時間可以再多一些。但這或許和我們沒有聰明地利用時間有關。

就算是生產力很高的人，也不一定能一天完成所有任務。真正的訣竅是分派任務的能力。只要把任務分派一些出去，你就能專心處理自己比較擅長的事情，效率也會隨之提高。

湯姆歷險記：任務外包教戰守則

你或許還記得《湯姆歷險記》（*The Adventures of Tom Sawyer*）裡的湯姆是個搗蛋鬼，其實他也是將任務外包出去的高手。他為了逃避做家事，善用各種任務外包的技巧。

我簡單說說其中一篇故事：

湯姆又搗蛋了，波利姨媽處罰他星期六把籬笆全部粉刷一次。湯姆不想浪費時間在這種苦差事上，於是他聰明地說服幾個朋友幫他粉刷籬笆。他告訴他們粉刷籬笆非常好玩，但不是每個人都有本事做這件事。幾個男孩上了湯姆的當，甚至拿出蘋果、風箏、粉筆、蝌蚪、彈珠、獨眼小貓等各種小東西來交換粉刷籬笆的機會。籬笆被粉刷了三次，湯姆也不費吹灰之力就收到一大堆戰利品。

湯姆可以自己粉刷籬笆，問題是他不想做。聽起來很熟悉吧？去藥局買藥或是更新部落格之類的雜務，是不是讓你覺得既沒時間又沒意願去做？這正是湯姆給我們的開示：把工作外包出去，人生海闊天空！

外包是什麼意思？

外包就是請別人幫你處理該做的事，這樣你才有時間做自己真正擅長的事。（以湯姆的例子來說，他賺到時間偷懶，還收到一大堆禮物！）外包也能減輕我們給自己的壓力。「愈忙碌、壓力愈大，好像代表了你這個人愈重要，這已是現代人心中的共識，將地位高低與忙碌、壓力連結在一起，」海蒂・漢納說。

我以前是個控制狂，無論是公事還是私事都要親自來才覺得放心。現在我的思考角度變成，哪些任務適合交給哪些人做，這樣我就能專心處理白天的正職、寫這本書、管理部落格、跟老公一起吃晚餐，因為這些才是我真正必須、也是我樂意花時間做的事。編輯網站和購買生活用品都是我可以做的事，卻不是最值得我花時間做的事。

我認識的人裡面，最善於外包任務的人是艾瑞．梅塞爾（Ari Meisel）。在確診克隆氏症（Crohn's disease，一種發炎性腸道疾病）之後，他在醫生的協助下找到一種擺脫藥物、健康生活的好方法。我以記者的身分採訪過梅塞爾的心路歷程，並且很快就發現生病這件事，使他成為「少做多賺」的專家，因為這樣他才能夠減輕壓力。梅塞爾開了一個網站叫做「少做事」（LessDoing.com，）還寫了一本書叫《聰明人都在用的策略性偷懶法》（*Less Doing, More Living*）[1]，教大家「精簡、自動化及委外各項生活大小事，全方位提高效率。」

[1] 繁體中文版由大是文化於二〇一四年出版。

梅塞爾認為，你不應該浪費時間去做那些別人比你更擅長的事。把這些事讓給別人做，你才有空做自己擅長和想做的事。「我們做不來的事、別人很擅長的事、不值得花時間去學習的事，還有就算學了也達不到專業水準的事，最好通通外包出去，」梅塞爾說。

你應該找過旅行社安排旅程，對吧？道理完全相同。你全然可以自己上網找最划算的行程和住宿，但也可以把這件事交給更擅長的人。省下來的時間用來開發新客戶，新增的收入剛好用來支付度假時想玩的空中飛索。

無限可能

二〇一一年跟傑伊看了《藥命效應》（*Limitless*）之後，我逢人就極力讚揚這部電影。如果你沒看過，趕緊去找來看！除了因為布萊德利・庫柏（Bradley Cooper）是大帥哥，也因為這部懸疑片真的超好看。我保證看完這部電影，你一定會想吃那種叫做NZT的藥。

NZT可使大腦發揮百分之百的效能，不像平常只能使用二〇%。你會成為最佳版本的自己，甚至更厲害！庫柏的角色艾迪（Eddie）可瞬間學會好幾種語言、記起各種資訊與回憶。他短短幾天就完成一本小說，還學會股票交易快速致富。

然而我們還在為了劃掉待辦事項苦苦掙扎！如果能迅速完成該做和想做的事，人生該有多美好？雖然現實世界沒有NZT，但只要將任務外包出去，達成這個願望並非難事。

外包的好處

我經常在文章裡提醒讀者，不要忘記你只是一個普通人，不要把自己逼得那麼緊！你不可能每件事都親力親為，有時候求助是必須的。我也是花了一段時間才決定僱用幾個實習生來幫忙。不騙你，我的人生從此豁然開朗。只要願意稍微放手，就能帶來驚人的變化。

以下是找人幫忙的幾個主要好處：

1. **靈感不流失**。你是否曾經半夜睡到一半，因為想到一個絕妙的主意而醒來？雖然你有寫下來，但後來那張紙條不見了，或是你忙著處理生活中的大小事而忘了那個絕妙主意？如果有幫手，他們可以幫你記住這些「瘋狂點子」，管理你容易忘記的事情。只要有人簡單問你一句：「嘿，你說過你想做這件事，打算怎麼進行？」就能使你保持專注、按部就班。

2. **時間變多**。或許你有個好創意，卻苦無時間付諸實行。這時若有人幫你查找相關資訊或聯絡相關人士，都能提升這件事的完成度。盤子裡的食物多到吃不完，就找個人幫忙一起吃！

3. **財富增加**。有人幫忙管理工作、執行創意，說不定也能使你變得更成功。你終於能夠讓新的創意開花結果，因為現在你有更多支援與協助。

4. **壓力減輕**。待辦事項太多會令人分心，你不但無法專注進行眼前的工作，工作品質也會降低。把幾個該做的事情分派出去，壓力減輕，你的工作表現會更好。

海蒂．漢納在《壓力狂》裡指出：「一心多用會減損工作表現，其實是在浪費時間與精力，有百害而無一利。大家喜歡一心多用，因為他們覺得自己必須用更少的時間完成更多事。」

科技女神卡莉．納布拉克之所以創辦網站CarleyK.com，是因為身兼二職的人生把她壓得喘不過氣：她既是生活教練，也是一位媽媽。她告訴我，把會讓自己不開心的事情外包出去真的很爽。「少辦兩件雜事就能多花點時間陪孩子，少跑一趟好市多就不會那麼累，這樣不是很棒嗎？我寧願花錢請人去好市多幫我跑腿。

我覺得這錢花得值得不只因為我花得起，而是因為購物使我疲累。我不想把自己搞得那麼累，」她說。

5. **革命情感**。可靠的夥伴會將你的最佳利益和目標時時放在心上，這種感覺很讚。僱用幫手能使你的生活保持平衡。把任務跟行程交給實習生或助理來處理，你的腦力可用來做其他事情。你有什麼想法都可以先跟他們討論一下，他們還可以在行程特別忙碌的時候提醒你吃午餐。

如果你無法下定決心僱用幫手，可問問自己這些問題：

□如果有人處理細節，你會執行哪些規模較大的創意點子？

□有沒有你一直很想做，卻一直被暫放一旁的事情？

哪些事情可外包處理？

生活裡可以外包出去的事情多得令人驚訝，充滿各種可能。我曾經外包過各種任務，例如買菜、打掃、調查資料、部落格排版、管理社群媒體等等。艾瑞·梅塞爾向我吐露，他幾乎任何事都能外包出去：

□錄製podcast。

□文字編輯。

□寫逐字稿。

□寫部落格。

□維護社群媒體。

□調查資料。

□訂購日常用品。

□預約和安排行程。

□規畫旅遊。

□申請法國公民身分（什麼！）。

「大家都很愛說：『這花不了多少時間，我自己做就行了。』但每件事都花時間，把處理這些事的時間省起來，足以讓你完成更重要的事情，」梅塞爾說。

☑你知道嗎？

有錢能使鬼推磨

《紐約郵報》刊登過一篇文章，標題叫做〈紐約全日懶人實錄〉（*NY Full of 24-Hour Lazy People*），作者瑞德．塔克（Reed Tucker）詳述了幾件可以外包出去的事情。他說只要肯花錢，任何事都有人願意代勞，包括找人幫你開車。例如有位住在布魯克林的先生，他願意以一小時二十美元的酬勞，開車載你去任何地方，你只要提供車子就行了。

額外補充可以外包的待辦事項：

- ☐ 為孩子準備健康午餐（是的，有這種付費服務）。
- ☐ 遛狗以及撿狗屎。

□布置生日派對場地。

□打掃（把刷洗磁磚交給別人做，你可以拿出秋冬的毛衣依照顏色整理排列）。

□組裝IKEA家具（讓別人去傷腦筋）。

□搬動家具的位置（需要搬動大型家具，騰出空間放耶誕樹嗎？僱用一個搬家工人吧）。

□掛畫／照片（在爸媽來你家之前，把家裡妝點得「溫馨」一點）。

□購買送人的禮物。

□研究最省錢的義大利玩法。

外包任務的具體做法

你已經被我說服了嗎？讓我教你如何找到好幫手，準備好了嗎？僱用幫手的第一個重點是，判斷對方是否「懂」你。如果你要僱用遠端助理幫你處理工作，有沒有默契很重要。若是指派重要業務，最好確定對方是個可靠的人。若是普通業務，找個中規中矩的助理即可。

以下介紹幾個找到合適人選的網站：

1. **接案網**（Elance.com）。非常適合用來建立團隊。只要刊登廣告招募設計師、文字工作者、平面設計師、會計師、行銷專家、遠端助理和各種領域的專業人士，就會有工作能力很好的自由業者跟你聯絡。〔補充：台灣的「PRO 360達人網」（pro360.com.tw）也有類似功能，可以提供的服務也是包羅萬象。」

2. **妙助手（FancyHands.com）**。這是我最喜歡的外包公司之一，我經常使用他們的服務，非常好用。只要是二十分鐘左右可完成的工作，都可以遠端委託他們處理。例如幫忙訂位，或是快速地查找資訊。不過他們不做勞動類型的任務，例如去洗衣店拿衣服，或是到你家煮飯。我曾經請他們規畫義大利的行程、調查承包商的資料、為我老公找吉他老師等等。他們提供分批的套裝服務，有五件、十五件跟二十五件一批等選項，費用可月繳也可年繳。

3. **工作兔（TaskRabbit.com）**。工作兔網站也是我的心頭好。這家公司的成立緣由是創辦人麗雅·巴斯克需要買狗食，卻總是加班到很晚，因此她想出一個解決辦法。「如果有一件事我只比別人稍微擅長一點，但只要我有其他更重要的事要做，就應當把它外包出去，」她在我的部落格文章中寫道。

提供服務的人被稱為「工作兔」，可幫你處理待辦事項包括採買食物、買要送給朋友的禮物，甚至還能到你指定的對象面前唱一首歌！按件計費，而且可接受競標。競標任務的工作兔不知道其他人出價多少，所以相當競爭。如果你有特別滿意的工作兔，下回可直接找他們。

4. 上手（Handy.com）。清潔和水電類的服務上Handy.com去找就對了，你不用花時間在網路上苦苦尋找既有口碑又可靠的清潔員和水電工。想想你能省去多少用谷歌查找網站跟評價的工夫！

5. **大師網（Guru.com）**。也是提供尋找自由業者的服務，包括技術、創意和商業類型的人才，例如線上聊天高手、詩人和活動籌辦人。〔補充：這類網站類似成立於香港的「Hellotoby」（hellotoby.com），主要專攻學習類的服務，像是學習語言等等。〕

6. **Wun Wun**。這是一家紐約新創公司設計的App，不同於前面幾種服務，他們是快遞公司。下載App之後，可以快遞任何東西到曼哈頓、漢普頓或舊金山的任何地方。無論是你最喜歡的甜點、一條全新的牛仔褲，還是派對要用的成箱葡萄酒，物品不分大小多寡都能運送。〔補充：在台灣，物流媒合平台（Lalamove）也有同樣功能。〕

7. **助理雇傭平台**（Zirtual.com）。這是限定美國服務的僱主和遠距助理的媒合網站。填好資料之後，網站會幫你找到最適合提供服務的人選。只要每個月九十九美元起，你就會有一個專屬助理幫你處理各項事務，例如找資料、排行程、買東西、輸入數據、處理電子信箱、打／接電話等等。

8. **僱用實習生**。實習生通常是免費勞工，而且可能一邊工作一邊兼顧課業，所以不是全心全意為你工作。我碰過幾個超厲害的實習生，他們幫我維護部落格、查找寫這本書要用的資料、管理社群媒體等等。我會選對電視產業有興趣的實習生，帶他們參觀攝影棚，介紹他們認識業內專家，批改他們的履歷，給他們工作方面的建議和指導。

這些剛好都是我喜歡做的事，只是很花時間。因此，就算實習生提供的是「免費」服務，只要你善待實習生，你花在他們身上的時間也算是一種投資。不要忘記這一點。找到適合的幫手沒那麼容易，一旦找對人，會使你收穫滿滿。我曾在領英網站放過廣告，向多家在地大學提供實習機會。

花費問題

我知道這是你期待已久的問題：外包的費用是多少？你必須思考的第一件事是，對你來說，請人幫忙值多少錢？如果找人幫忙能讓你每個月多完成一項專案，這個錢就花得很值得。

梅塞爾告訴我，過去兩年他將工作大量外包出去，這為他省下的時間多達三千個小時，金額高達五十萬美元。多麼驚人的數字。不過說真的，這兩個數字有點主觀，因為完全取決於你認為自己的時間值多少錢、個人能力以及財富多寡。但是，如果能省下三千小時陪孩子玩，或是躺在沙灘上休息，不是比處理雜事來得更棒嗎？省下五十萬美元也是很好用。

請再想一想：你是否願意用以物易物的方式獲得協助？也就是你提供某項服務，換取別人提供另一項協助。舉例來說，我可以幫網站設計師的個人網站寫文案，換取對方幫我的網站設計新的標誌。應該不難懂吧？用你擅長的事情，去交換你需要的東西，不牽涉金錢交易。不過這種做法比較花時間，請自行判斷哪一種做法比較適合你。

如何分派任務

理論上，把雜事交給別人去做，會帶來暢快的解脫感。但不是人人都能像湯姆那樣輕鬆分派任務，這絕對是一件需要練習的事。以下提供幾個練習的訣竅：

1. **事前規畫**。把可以分派出去的事情一一列出，愈詳細愈好。例如各種預約排程、構思晚餐菜色、去拿派對要用的東西、處理爆炸的電子郵件、重新設計部落格標誌等等，族繁不及備載。

2. **實事求是**。最了解你的人，就是你自己。請誠實面對哪些事真的只需要五分鐘就能搞定，哪些事可以外包給別人。

3. **保持謙卑**。別老想當超級英雄，把事情全都攬在自己身上。這種觀念已經落伍了，你的時間應該用來做自己擅長的事。

4. **頭腦清晰**。梅塞爾交辦給遠端助理的每項任務，都有一張檢查清單。目前這樣的檢察清單他已有五十三張，涵蓋各式各樣的任務，包括支付帳單。讓幫手了解任務內容的事前準備工夫做得愈足，交辦的過程就會愈順暢。

5. **心懷感恩**。你終於有更多時間做自己真正想做的事，請保持笑容！你把自己能做但不是非你不可的事外包出去，所以你有時間陪伴家人、度假、看雜誌或睡午覺。請好好珍惜！

8

☑ 將清單數位化：利用科技加乘效率

我必須承認，我進入數位世界的時間比較晚，也曾認為手機上的那些App都很白癡。好吧，我招認了。我以前有一支小小的貝殼機，用了很多年，所以我一直覺得我的人生沒有App也過得很好。當然我也不覺得打「hello」（哈囉）這五個字母要在「沒智慧手機」上按十三下有什麼大不了。老實說，當時我拒用iPhone，因為我有貝殼機就夠了，需要講電話就拿出手機，需要寫清單就拿出紙筆，人生美好，不勞各位費心。

後來在老公的極力勸說下，我終於換了iPhone。坦白說，我真的錯怪iPhone了。我已經想不起以前沒有iPhone是怎麼過日子的。智慧手機真的超棒，掌握我的生活大小事，發揮事半功倍的效果。如果你跟我一樣抗拒智慧手機，請給它一個機會好好試一試，我保證你會感受到數位化的好處。

數位清單的利與弊

我依然使用手寫清單，但若要提升生產力，數位化的清單跟App不可或缺。我發現像我一樣的人還不少。獨立研究機構弗雷斯特公司（Forrester Research）曾為智慧筆製造商Livescribe做過一項調查，發現使用筆電跟平板處理工作的專業人士之中，仍有八七％習慣手寫筆記。

用新科技將清單數位化當然有利有弊，以下做個簡單比較：

電子清單的優點

1. **跨平台同步**。大部分的App都有跨平台同步功能，你隨時隨地都可叫出同一張清單。也就是說，若你是用電腦進入某一個網站寫清單，下班後也能直接去超市，用手機叫出同一張清單。

2. **不會弄丟**。寫在紙上的清單最常見的問題就是弄丟。數位清單不怕弄丟，清單數位化之後可長期保存。

3. **時時溫習**。遺願清單或打包清單寫好之後，很可能會忘了寫在哪一本筆記本裡。如果是數位清單，很容易就能找出來再檢查一遍，並且付諸實行。

4. **容易尋找**。數位清單無論是何時何地寫下，都能輕鬆找到。數位紀錄隨時都能叫出來。

5. **話題不斷**。手機App是熱門話題。大家都喜歡分享好用的App，喜歡上網了解新的App，也喜歡炫耀自己有哪些App。如果你熟悉幾個好用的App，聊天時可以好好展現一番。

電子清單的缺點

1. **手寫可提振腦力**。同樣是寫清單，用手寫會刺激大腦變得活躍。研究顯示，手寫有助於表達想法，還能鍛鍊精細動作技巧。戰後嬰兒潮年代出生的年長者，也可藉由書寫使衰老的大腦保持敏銳。
2. **學習新科技很累**。我懂，因為我曾有相同感受，用紙筆就能搞定的事情，為什麼要特地下載一個App？

3. **創意遭到扼殺**。如果你寫筆記或清單時喜歡隨手畫插圖跟圖表，用數位工具可能比較難做到。

4. **須做事前功課**。不是每個App都能滿足你的需求，我喜歡的App也不一定適合你。親自試過才能知道哪些App最適合自己，別無他法。這可能很花時間，有時甚至會讓人試到懷疑人生。但只要找到好用的App，你的人生會從此變得不同。

介紹完數位清單的利與弊之後，我要告訴你，以上這些缺點都可以克服。你不需要馬上捨棄紙筆，在同時使用傳統清單與數位清單的情況下，你可以享受數位化帶來的種種好處。我與科技專家卡莉．納布拉克聊天時，她告訴我身為一位母親，數位清單真心扭轉了她的人生。「我終於可以把稍縱即逝的想法記錄下來，若不記下來肯定轉頭馬上就忘。因為媽媽要處理的事情真的太多太雜，」她說。

搞定待辦事項的App

若你覺得iPhone內建的「備忘錄」已是完美的待辦清單App，我強烈建議你試試我接下來推薦的幾種App。比「備忘錄」好用的App多得不得了，重點是多方嘗試，找到完全滿足你的需求的App，你的人生會因此變得更美好。有些App會發出提醒通知，有些App可方便地與朋友分享內容，有些App把你逼到完成每個待辦事項才罷手。重點是找到最適合自己的App。

以下是我愛用的幾款App：

一、Evernote

如果你這輩子只下載一個App，請務必下載Evernote。我在第四章提過，Evernote可用於團隊合作，因為用Evernote多人協作實在很簡單。就算是自己單獨作業，Evernote也是很棒的工具。它功能多元，無論是管理公費支出，還是為孩子籌辦生日派對，Evernote都很好用。

除了下載App，也有網頁版（Evernote.com）可使用。你所有的筆記都可在桌機、筆電和平板上取用。Evernote是一種雲端系統，任何檔案都可儲存在裡面：筆記、照片、擷取網頁，甚至音檔也沒問題。我有個朋友是Evernote鐵粉，她說Evernote是她「心智的一部分」。我認為她說得沒錯。任何你想要記住又怕忘記的事情，都應該記錄在Evernote裡。你可以開很多個「記事本」為不同的想法分門別類。

我的用法如下：

1. **大綱與靈感**。靈感指的是部落格文章、報導的題材、寫作計畫等等，這些靈感總是在最奇怪的時間蹦出來。現在我只要打開手機裡的Evernote，就能記下各種想法以便日後跟進。我也會在通車時為腳本與部落格文章寫大綱，抵達目的地時一打開電腦就能進入狀況，提升效率。

2. **擷取網頁工具（Web Clipper）**。Evernote有一個很讚的瀏覽器書籤功能，滑鼠點一下，就能儲存你正在瀏覽的網頁。無論是一份食譜、一篇文章還是一個送禮的好點子，只要點下那隻小小的大象，Evernote就會幫你搞定。

3. **假期的準備與研究**。我規畫假期都是用Evernote。所有的文件都可有條有理地存放在裡面。你可以寄電子郵件到你的Evernote帳戶裡，文件、旅遊資訊和行程表會自動儲存，然後你可以把它們放進同一個記事本，方便旅行時查閱。這些筆記也能直接下載到手機裡，所以旅遊途中沒有Wi-Fi也不用擔心。

我也會用Evernote裡的記事來比較旅遊景點、度假飯店等等，這些資訊我都會留著，方便將來做比較。例如每年十一月我老公跟我都會去溫暖的地方度假，每年我都會同時研究好幾個地點。我把每個度假飯店的看法和優劣全都存在Evernote裡，來年規畫旅程的時候就不用從頭再找一次。

4. **採訪紀錄**。要記錄一段對話或演講，直接用Evernote就可以了，有錄音選項。這個功能可能比你想像的更實用，比如說參加會議的時候，你可以抄筆記也可以直接錄音。我用Skype進行採訪時，也曾用Evernote錄下訪談內容。你也可以把既有的MP3檔案拉進記事裡儲存。

5. **儲存密碼**。你可以把所有的密碼儲存在一則記事裡，這樣就永遠不會忘記。如果要多加一重保障，你還可以為這則記事設定一組密碼。

6. **製作筆記**。我參加會議時，每個場次都用Evernote製作筆記。我可以給講者拍照、給演講錄音，也可以直接輸入文字做筆記。我甚至會用Evernote把我在會議期間認識的重要聯絡人列成清單，並註明會議結束後的後續聯絡方式。Evernote把這項工作變得更容易處理。

7. **儲存清單**。大家都知道我會在Evernote裡儲存一些待辦清單和餐廳名單，不過這兩種清單我主要還是用別的App處理。

8. **年節購物**。這應該是我固定會在Evernote上做的事。我每年八月就開始寫年節送禮的購物清單，我會先寫下原本就有的禮物靈感，之後有新的想法就隨時加進去。Evernote幫助我輕鬆管理清單上的送禮對象，禮物送出就把名字劃掉。一年之中的任何時候，只要在網路上看到不錯的送禮點子，我就會用網頁擷取工具保存下來。不知道該送什麼禮物時，打開Evernote的記事本就能找到靈感。

☑生產力小提醒

Evernote到底該怎麼用？

經常有人跟我說，他們下載了Evernote卻一直「用不順手」。我明白。Evernote確實需要多花點時間，用起來才能得心應手。在此提供我個人的幾個小訣竅，希望能讓Evernote成為你這輩子最好的朋友。

1. **經常使用**。愈常打開Evernote來用，就會變得愈好用。相信我，這是真的。Evernote裡的記事跟貼在手機上的便利貼不一樣，它們永遠不會消失。等你一次回顧好幾週的待辦清單，發現一件待辦事項都沒有漏掉的時候，就會明白我現在的意思。

（接續上一頁）

2. **下載網頁擷取工具**。將你想保存的內容擷取下來將成為習慣。你能想到的事情都可輕鬆保存，例如有空才想看的文章、有興趣的職缺、適合送給媽媽的耶誕禮物等等。任何網站都可使用，還可順便附上筆記跟標籤，方便查找。

3. **共享內容**。團隊合作可使用Evernote的方式無窮無盡。如果你必須遠距跟伴娘討論籌備婚禮事宜，開一個共用檔案夾，有想法時通通丟進去。每個人都能增加新的內容，討論自己喜歡和不喜歡的東西。這時候用網頁擷取工具超方便。總之，Evernote可滿足各種團隊合作的需求，例如一起籌畫活動、假期、寫部落格文章等等。

4. **善用電子郵件功能**。每個Evernote帳戶都有一個電子信箱，請善用它。這個功能將為你省下大把時間。只要是你想要保存的確認文件，寄給自己的Evernote就對了，例如買禮物的發票。Evernote會自動把它放在筆記本裡，需要時隨時都能找到。我捐款給慈善機構或繳交專業團體的會員費時，也會使用這項功能。一收到對方的確認信，我就把信轉傳到Evernote帳戶，報稅時可用來抵銷。所有的資料都整齊地放在同一個地方。

Evernote到底有多好用，真是説也説不完，而且我還經常發現Evernote的新用途。我誠心地建議你趕緊使用Evernote。你愈常使用它，就會用得愈來愈習慣、愈來愈上手。

二、清除事項（Clear Todos）App：任務、提醒與待辦清單

「清除事項」是目前市面上設計最精美的一款 App。這個 App 不但聰明而且操作容易，會讓你想要多丟一些待辦事項到清單裡，售價美金四．九九元。

以下是 Clear 的優點與缺點：

優點

1. 設計精美。
2. 操作起來既簡單又有趣：用滑的就能刪除內容或標示為已完成，可用拖曳的方式調整任務順序等等。
3. 音效很可愛（如果你剛好喜歡這種巧思）。
4. 待辦清單整理起來很容易。
5. 用顏色標示先後順序。

6. 各種清單都適用，例如想嘗試的新餐廳、想看的書、某一天要進行的任務等等。

缺點

1. 一次只能看十筆內容。
2. 在選單之間來回時容易混淆。

我用「清除事項」記錄部落格文章的靈感、長期目標和快速購物清單。「清除事項」絕對值得一試。不過常見的抱怨是這個App有點太花俏。

三、胡蘿蔔待辦事項（Carrot To-Do）App

面對霸道的人，我通常置之不理，但是卻莫名喜歡這款咄咄逼人的App。

這張充滿個性的待辦清單會逼你完成所有的待辦事項。我所說的「個性」，指的就是「態度」。它的情緒會隨著你的生產力而變化，其實滿好玩的。這款售價美金二．九九美元的App，每次完成任務都會獲得點數，解鎖新的功能和獎品。

以下是Carrot的優點與缺點：

優點

1. 有趣的遊戲介面設計，讓人想要快點完成任務，看看後面有什麼獎品。
2. 容易上手，直覺式操作。
3. 他們曾送我一隻叫「鬍鬚隊長」的貓，超可愛！

缺點

1. 新手剛開始使用時，犯錯不容易校正。不過隨著等級愈來愈高，就能使用編輯、回復跟修改等功能。
2. 我能想像有些人會對花俏的設計感到厭煩，失去新鮮感之後就不再使用。

我覺得對許多人來說，這是能完成更多待辦事項的有趣工具，值得一試。

三、奇妙清單（Wunderlist +）App

這款免費的 App 很適合用來安排待辦事項與各種清單。快速跑一趟超市或藥妝店的時候，我會打開這個 App。踏進超市或藥妝店很容易被各種商品吸引注意力，這個 App 能使你保持專注。簡短的清單我都放在「奇妙清單」裡。這個App的功能很陽春，但是再怎麼都比iPhone的備忘錄好用！

四、無所不能做（Any.DO）App

我推薦這款免費App，是因為它同時也是行事曆，可輕鬆設定期限，也可邀請其他人為你處理待辦事項。另一個好用的功能是，可以在待辦事項裡加註記。比如說待辦事項是「煮晚餐」，你可以把食材寫在這一則待辦事項的註記裡。卡莉．納布拉克說這個App能幫你找出空閒時間，並建議你可把空閒時間拿來做哪些事，真是超棒的時間管理工具！

五、待辦事項（Todoist）App

這款免費App把重點放在排序。你可為每一個待辦事項排序，把它們放進不同的專案裡，並且視需要加入子任務。我喜歡這個App的原因是彈性很大。

它不如某些App那麼簡單明瞭，可是也沒那麼複雜，有多種外掛功能，包括Gmail、Outlook、瀏覽器與電腦系統等等，幫助你整合任務內容。選擇最適合自己的功能即可，用不到的無須理會，是一款新手跟老手都適合的清單App。

保存你的最愛清單

我在第二章討論過如何將清單分門別類，我指的是記錄用的清單，不是待辦清單。有時候不同的清單用不同的App來記錄會比較方便（例如專門用來記錄書名、餐廳、生日等等），因為你知道這些清單各自放在哪裡。

一、書評網Goodreads的App

你是不是經常請人推薦好書？我很愛Goodreads，因為這個App能讓你跟閱讀品味相似的朋友交換心得，輕鬆得知他們推薦哪些書。另一個好處是，我把想看的書都記錄在這裡。一天到晚都有人給我好書建議，要是我沒寫下來，根本記不住。不過我不是寫在容易丟失的紙上，也不是另外開一個App，而是直接存在Goodreads裡，這個App專門用來管理我的書單。

二、生日紀念日（Birthdays）的App

有不少App能幫你管理不能忘記的生日、紀念日與特殊節日。我用的App叫Birthdays，它是免費的，可連結到臉書匯入親友的生日與照片。這種App之所以好用，是因為你單純只用來記錄一種資訊，所以絕對不會忘記。

三、Dashlane密碼管理器

這是一款專門用來儲存密碼的App，比寫在便利貼上或儲存在電腦裡安全許多。除此之外，它還能依照你設定密碼的習慣，幫你想出強度更高的密碼。回想一下你有多少次因為忘記密碼而無法登入帳戶，有夠窘。同時擁有多個帳戶的人（誰不是？），一定要下載這款App。

個人理財、購物規畫

一碰到理財，多數人都變成鴕鳥心態。就算你對帳單視而不見，帳單也不會憑空消失。我的建議是直接面對，找到正確的工具來幫你理財。

一、薄荷（Mint）個人理財自動記帳App

這是一款能讓你輕鬆掌握財務狀況的App。只要連上銀行帳戶、投資帳戶與貸款資訊，Mint就能幫你同步追蹤財務狀況。它會提供帳戶的最新資訊，僅須一組密碼，就能看見所有的銀行帳戶。甚至會將你的支出分類歸納，讓你知道大部分的錢都花在哪些地方，並且建議你如何減少支出。用這個App提醒自己繳費日快到了，還能順便查看帳戶收支，實在很不賴。這也比一一登入各家帳戶方便許多。網頁版跟手機App可同步更新資料，讓你隨時隨地都能掌握財務狀況。

二、Expensify費用專用報銷App

這款好用的App可記錄所有公務開銷，直接傳送給你的上司。無論是刷卡還是現金消費，只要匯入App就一切搞定。甚至可以拍下發票跟收據的照片，做為報帳資料的附件。我敢說，Expensify把報帳這種繁瑣的工作變得更有趣！

三、「信用卡之星」（CardStar）的App

我一直熱愛購物，而且我對自己的優惠特價嗅覺深感自豪。不過現在有許多工具和方法能幫我們精打細算。從記住購物清單放在哪裡，到把折價券集中於一處，肯定有更簡便的方式能處理這些購物需求。答案就在App裡。

「信用卡之星」就像把鑰匙掛在鑰匙圈上一樣，你可以把會員卡全部存在CardStar裡。這是一個好方法，把各種會員卡與折扣卡集中在一個好找的地方。把卡片掃描存進App裡，就不用掛在鑰匙圈上那麼累贅。店家有特賣活動或是有折價券可以用的時候，這款App也會通知你。

☑你知道嗎？

補充：台灣的記帳App

台灣也有許多類似的記帳App，例如麻布記帳（Moneybook）除了基本記帳功能外，還可以將所有帳單一站式管理、追蹤投資標的績效等等功能。還有哈啦Money記帳這種，用嘴巴「說」，就能夠自動記帳的強大功能App。讀者可以依照自己需求，找到最適合自己使用的App。

休閒娛樂規畫

雖然時間不長，但我曾經跟朋友合夥做過籌辦派對的生意。我想這跟自己的個性有關，我喜歡安排規畫，對籌辦完美活動充滿熱忱。我知道不是每個人都喜歡規畫出遊、假期跟派對，既然如此，何不讓科技助你一臂之力？前面提過我做計畫時常用Evernote，其實還有其他好用的工具。

一、「旅遊導航」（TripIt）行程App

把你所有的旅行計畫都放在這個App裡。「旅遊導航」帳戶可與電子信箱連線，收到旅遊相關的確認信時，會直接轉傳給「旅遊導航」。如此一來，航班資訊、租車的確認信、訂房資訊等等，全都集中在同一個地方。這個App還會告訴你怎麼從甲地移動到乙地，我超愛這個功能，因為這樣我就知道從機場到飯店得花多少時間。

你也可以到「旅遊導航」網站手動輸入資料，然後轉寄到你的「旅遊導航」信箱，並且匯入任何你想加入的資訊，例如觀光行程或是你已經報名的義大利麵烹飪課。如果升級到高級版（premium），「旅遊導航」還會通知你航班變動，以及新的登機門是哪一個。只要是跟旅行有關的事，這個App能幫你省下不少時間和麻煩。

二、專業派對大師（Pro Party Planner）App

籌劃一場派對可能是浩大工程。如果舉辦猶太男孩的成年禮、女孩的十六歲生日或一場婚禮使你心生膽怯，一定要下載這個App。你可以根據每一項任務的期限製作一個時間表。預算功能則是告訴你，目前已經花了多少錢，還剩下多少錢。任務管理工具可將任務外包出去，並且透過電子郵件、簡訊或視訊跟對方保持聯繫、確認進度。這個App甚至包括安排座位的功能。

釋放你內心的湯姆

上一章提過，我認為不需要自己動手的事情都應該外包出去，把時間用在更重要的事情上。就像湯姆找人幫他粉刷籬笆一樣。若你想找人幫忙做你不想做的雜務，我推薦以下幾款App跟服務。

一、有求必應（Path Talk，原名TalkTo）媒合App

你再也不需要浪費時間打客服電話、跑鞋店找鞋，或是打電話更改預約時間。只要是美國境內的店家，「有求必應」都能為你傳簡訊提問。你可以用這個App訂餐廳、確認你要的東西有沒有庫存、詢問店家的營業時間、比較價格等等。我的經驗是最快五分鐘內就能收到回覆。我覺得這個App最棒的一點是輸入問題之後，就可以甩手不管了。就算半夜突然想到要問的問題，只要傳到

「有求必應」，店家開門時就會收到你的提問。

二、妙助手（FancyHands.com）

「妙助手」一出來我就成了愛用者，這個App就像私人助理一樣方便。只要支付會費，每個月就能指派「妙助手」幫你完成特定數量的任務，例如尋找羅馬最棒的餐廳、訂機場接送服務、找紐約市的吉他老師，只要是用電話跟電腦能處理的雜務，他們都能為你代勞。雖然他們不提供跑腿服務，例如去洗衣店拿衣服，但是他們能幫你找到優質的跑腿服務。

三、工作兔

這也是我愛用的服務之一。有App版也有網頁版，可幫你聯絡附近能幫你跑腿的「工作兔」，例如購買日常用品、送生日禮物給你媽咪，甚至到你家幫你組裝家具也可以。你丟出任務後，附近的工作兔會出價競標，你可以過往客戶的評價來選擇工作兔。我請過工作兔幫我記錄電話訪談，編製部落格的舊文目錄、送禮物等等。

四、Asana

我是為了跟實習生一起管理部落格，才開始使用Asana，有網頁版也有行動版，設計者是臉書的員工，當初是為了提高公司的生產力才設計了這款程式。我們覺得好用，是因為它減少了寫電子郵件的頻率，而且有了它，忙得團團轉的我們，再也不會忘記任何事！你可以跟同一支團隊同時進行多項專案，並且在每個專案底下創造特定的任務。App版有通知功能，提醒你某項任務的期限已到。家裡的事也能用Asana處理，請跟家事分配表說拜拜！打開Asana就能確認家裡的每個人都做了該做的家事，不用再當碎碎念老媽子！團隊成員少於十五人的服務完全免費。

親友共享的規畫清單

要讓一大家子知道彼此的行程並互相配合，本身就是挑戰。各種預約、活動、課程、孩子的運動練習跟比賽、舞蹈課程等等，這些事讓你忙得團團轉，而且很難集中管理。

一、Asana

之前提過，Asana不單單只能處理公事，也能夠處理全家人的行事曆。你可以跟好幾個人分享行事曆，例如另一半、保姆或幫你遛狗的人。無論是跟讀書會的朋友聚會，還是安排孩子的足球隊活動，這些資訊都能儲存並分享出去。如果你已被紙本行事曆淹沒，或是想要丟掉家裡的白板，Asana是你規畫生活的好夥伴。

二、安逸家庭規畫師（Cozi Family Organizer）

Cozi可以一次安排一家老小的生活所需。家人可以共享待辦清單，或是共享需要在不同店家採買的物品。它也會跟你的行事曆同步更新，讓你知道家裡每個人的日常行程。每個家庭成員都有一個專屬的顏色標示。還有日誌功能，你可以跟「小圈圈」的成員在日誌裡分享照片與想法。日誌也可以用電子郵件或月報的方式分享給非「安逸家庭規畫師」使用者，這個功能也不錯。用這種方式讓家人知道彼此的近況很溫馨。

你會成為你相信的模樣

我熱愛人生願望清單、願景板，而且時時心懷感恩。正因如此，我相信正面的力量必須先在腦海中成形，才能在實體世界中發揮作用。是的，數位工具也能使你的人生變得更加積極向上。

一、我的人生清單（MyLifeList.org）網站

這個網站可讓你輕鬆分享自己的夢想與目標。把你的願望寫下來，然後回答幾個問題，就能幫助你邁向目標。這個線上社群會把你的目標分享給志同道合的人，已達成目標的人會聊聊自己的心得，尚未達成的人可以互相鼓勵。假設你想去印度學瑜珈，透過這個網站你可以認識也想去印度學瑜珈的人，很棒吧。這是一個激勵自己努力達成目標的網站，我覺得很讚。

二、夢想成真（DreamItAlive.com）網站

要是你用厚紙板做過願景板，肯定知道這是需要大量剪剪貼貼的工作。虛擬的數位願景板沒那麼麻煩。這個網站有數百張圖片可激發靈感，看完之後再把你的願望照片貼上去。以我自己為例，我看到別人親手做義大利麵條的樂趣之後，才發現我也想試試看。這個網站也有社群功能，讓大家互相打氣，是很棒的動力來源！你甚至可以出資贊助別人達成目標，當然也可以尋求協助。

三、繽趣（Pinterest.com）網站

這個網站我逛再久也不累。如果你還沒上過，我建議你試試看。輸入你有興趣的任何關鍵字，例如去中國旅遊，馬上就會被靈感的圖片團團包圍。你可以在這裡製作願景板，並且時時回來參考。

四、快樂自拍（HAppy TApper）的感恩日記

用感恩清單來結束一天非常美好。一開始可能會覺得有點吃力，只要掌握訣竅，寫感恩清單是極為療癒的一件事。把令你心懷感恩的事從頭到尾想一遍，大事小事都可以。例如安靜的辦公室，跟另一半床頭吵床尾和，吃了貝果，朋友請你吃午餐，跟聰明的人聊天，在公園散步。任何能使你展露笑容的事，都可以寫進感恩日記裡。有研究發現，心懷感恩能增加幸福感。

電子紙 vs. 紙張

如果你對要不要使用數位清單游移不定，可試試既能滿足手寫需求、又能滿足數位科技好奇心的產品：

一、Livescribe數位筆

這家公司製作多種內建攝影機的數位筆，你可以像平常一樣用手寫筆記和清單，但手寫的內容也將留下數位紀錄。不過你必須使用特殊的電子紙，這可能有點麻煩，不過這種超酷科技非常值得一試。數位筆記可與數位筆附加的App同步，所以你可以把筆記匯出到Evernote。

二、Boogie Board數位寫字板

Boogie Board手寫板不分年紀都很容易上手。可與Evernote及社群媒體同步，所以內容可與他人共享。你的手繪塗鴉、清單跟圖表都可以保存下來。如果你經常弄丟紙本筆記，這款電子紙手寫板很適合你，將手寫筆記數位化之後加以應用，相當環保。

一步一步來

希望看完本章的介紹之後，你願意敞開心胸嘗試數位工具。但我必須提醒你，慢慢來就好，操之過急可能會產生反效果。卡莉・納布拉克說：「一次嘗試一種新工具，慢慢增加信心、養成習慣。不要急著把所有的東西都同步整合，徹底改變生活習慣與工作模式，這樣行不通。愈急躁愈失敗，反而更沒信心。」

在此祝大家數位清單愈用愈快樂！

最後一張清單

現在你已經對清單的一切瞭若指掌，接下來該做什麼呢？當然是立刻寫一張清單呀！

1. 動筆寫就對了。萬事起頭難。我通常會建議大家從人生願望清單開始寫。最了解你的人就是你自己，想一想如果錢、時間與責任都不成問題的情況下，你最想做的事情有哪些？

2. 找出最適合自己的工具。一開始沒那麼容易，但相信我，這方面的付出絕對值得。試試不同的筆記本、App、鉛筆、原子筆等等。一定有一套最適合你的系統。

3. 清單可長可短，不要給自己壓力。

4. 去我的「清單製作人」網站晃一晃，說不定會更有靈感。

5. 我為初學者整理了一組免費下載的工具，請掃描第三十七頁QR code。

6. 有任何問題、困難或只是想跟我打聲招呼，都歡迎來信：paula@listproducer.com。

附錄：清單範例

這裡提供了幾個我在書中提過的清單範例，你寫清單時可參考這些範例，也可以直接拿範例去用，再調整成適合你自己的內容。我的網站中有更多清單範例，歡迎參觀指教。

看屋檢查清單

這張檢查清單，開啟了我的清單人生，所以我認為跟大家分享這張清單很有意義。你可以客製化一張適合自己的檢查清單，但最重要的是在你踏進要看的房子之前，一定要事前做好準備。

□地址（含樓層）：
□聯絡人：
□房間數：
□面積：
□租金：
□最近的捷運站：
□保全：
□洗衣設備：
□洗碗機：
□租期：
□可遷入日期：
□門房：
□空調：
□水電瓦斯：
□停車位：
□物業管理員：
□收納櫃數量：
□地毯或木地板：
□粉刷新舊：
□有線電視：
□能否養寵物：
□室外空間：
□景觀：

熱門景點婚禮打包清單

3C產品

- □ 手機與充電器。
- □ 數位相機、電池、記憶卡。
- □ IPod／MP3播放器跟耳機。
- □ 電子書。
- □ 旅遊書籍。

醫藥

- □ 抗生素藥膏。
- □ 止瀉藥品。
- □ OK繃。
- □ 避孕產品。
- □ 防蚊液。
- □ 備用眼鏡。
- □ 止癢藥膏（類固醇含量一％）。
- □ 潤滑劑。
- □ 止痛藥。
- □ 處方藥。
- □ 暈船貼片或藥丸（搭船必備）。

錢與文件

- □ 名片。
- □ 現金。
- □ 駕照。

- [ ] 緊急連絡電話。
- [ ] 旅遊行程。
- [ ] 結婚證書。
- [ ] 紙本機票或電子機票。
- [ ] 手機預付卡。
- [ ] 賓客簽到簿或留言本。
- [ ] 送給賓客的小禮物。

其他

- [ ] 抗菌藥膏。
- [ ] 棉花棒。
- [ ] 鑰匙。
- [ ] 毛絮黏把。
- [ ] 按摩油。
- [ ] 夾鏈袋。
- [ ] 撲克牌。
- [ ] 太陽眼鏡。
- [ ] 防曬乳。
- [ ] 雨傘。
- [ ] 新郎／新娘的禮物。

男生清單

- [ ] 婚禮服裝。
- [ ] 運動鞋或適合走路的鞋子。

□ 腰帶。
□ 內褲。
□ 休閒襯衫。
□ 西裝襯衫。
□ 正式皮鞋。
□ 帽子。
□ 長褲。
□ 睡衣／睡袍。
□ 涼鞋。
□ 短褲。
□ 運動外套。
□ 泳褲。

□ 領帶。
□ T恤／內衣。
□ 運動服。
□ 男性盥洗用品。
□ 梳子。
□ 止汗劑。
□ 牙線。
□ 護唇膏。
□ 刮鬍刀／膏。
□ 洗髮精／潤髮乳／造型產品。
□ 牙刷／牙膏／漱口水。

女生清單

- □ 婚禮服裝。
- □ 其他衣物與配件。
- □ 泳衣。
- □ 胸罩。
- □ 內褲。
- □ 性感內衣。
- □ 首飾：耳環、項鍊、手環。
- □ 洋裝。
- □ 高跟鞋。
- □ 袍子。
- □ 涼鞋。
- □ 短褲／七分褲。
- □ 裙子。
- □ 休閒長褲。
- □ 運動鞋或適合走路的鞋子。
- □ 襪子。
- □ 造型襯衫。
- □ 毛衣。
- □ 草帽或寬邊帽。
- □ 小可愛／削肩背心／無袖上衣。
- □ 丁字褲。
- □ 運動服。

雜物

- □ 爽身粉。
- □ 吹風機／直髮器。
- □ 梳子。
- □ 小化妝箱／包。
- □ 止汗劑。
- □ 腳部消臭膏（還能防止涼鞋磨破腳）。
- □ 大化妝箱。
- □ 卸妝油。
- □ 洗面乳。
- □ 保濕／防曬
- □ 衛生棉。
- □ 護墊。
- □ 牙刷／牙膏／漱口水。
- □ 牙線。
- □ 洗髮精／護髮乳／造型產品。
- □ 束髮圈。
- □ 眉毛夾。
- □ 頭飾。
- □ 頭紗。
- □ 婚禮鞋。

旅行必備用品

無論規畫得如何詳盡，旅行都是一件有壓力的事。不過，有一些訣竅有助於減輕壓力。我跟好友妮可一起旅行過多次，你應該還記得妮可，我前面提過她。以下這張旅行必備用品清單是我跟她一起寫的：

相關類別的Apps

- □ 任何你熟悉的語言翻譯App。
- □ 任何靠普的指南針／羅盤App（散步時不會迷路）。
- □ 「中途逗留」（The Layover）App（提供名廚波登〔Anthony Bourdain〕在當地最喜歡的景點）。
- □ 貓途鷹App（Trip Advisor，出門在外臨時要找餐廳時很好用）。
- □ 新皮拉提斯App（New Pilates，入住沒有健身房的飯店時，可在客房內做點運動）。

□ Evernote（所有的行程、筆記、交通資訊等等）。

□ 旅遊導航App（可以記錄所有的確認碼，還能以時間順序查看一日行程）。

□ Press Reader閱讀器（無論身在世界的哪個地方，都能看你喜歡的報紙掌握最新時事）。

衣物與配件

□ 喀什米爾披巾，飛機上保暖用。

□ 芭蕾平底鞋，好走路、好收納。

□ 輕量雨衣。

□ 低調的手腕包，晚上出去玩的時候可使用。

□ 迷你傘。

□ 拖鞋，飯店跟飛機上使用。

□ 有很多內袋的斜背包。

□ 眼罩，飛機上使用。

電子用品

- □ 耳機分線器（兩個人可以看同一部電影）。
- □ 耳機。
- □ iPad或其他平板電腦，含鍵盤殼套。

其他

- □ 真空壓縮袋。
- □ 亮色行李吊牌。
- □ 旅行枕。
- □ Truvia甜菊糖包（以免在國外攝取過量化學物質）。
- □ 筆和小筆記本（記下推薦的景點或交通資訊）。
- □ 小罐消毒噴劑，用來噴飯店的電話、遙控器等等。
- □ 髒衣袋。
- □ 小塑膠夾鏈袋（有備無患）。

盥洗用品

□ 消毒濕紙巾（單片包裝）。
□ 迷你保濕噴霧（在飛機上為皮膚保溼）。
□ 各種顏色的迷你護唇膏。
□ 滾珠香水。
□ 防磨腳膏（迷你尺寸的腳部消臭膏，也能防磨腳）。

六個免費使人開心的方法

以下這幾種方法可使對方擁有好心情，而且完全免費。

1. **微笑**。微笑很容易做到。我每次跟別人講話時，都會面帶微笑。就算有時候笑得勉強，我還是會盡量保持微笑。無論是在熟食店櫃台點餐，還是走進大樓時碰到門口的保全，我都帶著笑容致意，通常對方的表情也會瞬間變得開朗。

2. **收下傳單**。如果你跟我一樣住在紐約，就知道街邊發折價券跟傳單的人有多煩。但現在我已能接受這惱人的餽贈。下次有人把傳單遞到你面前時，收下吧，沒有人喜歡遭受拒絕，他們發傳單也只是為了工作，你大方收下能使他們的工作稍微順利一些。你可以把傳單丟進街角的垃圾桶，但說不定上面剛好有你需要的資訊。

3. **寄信／卡片**。現在沒有人寄卡片了，但我是文具控，各種紙張我都愛。親手寫一則客製化的訊息寄給對方，送上單純的問候。發現通常只有帳單的信箱裡居然有一封信或一張卡片，對方肯定很開心。你也可以用便利貼寫下貼心小語，黏在鏡子或電腦螢幕上。

4. **聆聽**。有時候，我們只是希望有人能聽自己說說話。我發現光是聆聽就能為朋友提供心靈力量。你不一定要提供解決方法，有時候聆聽本身就具有療癒力。

5. **道謝**。無論何時何地（例如商店裡或餐廳裡），別人對你好，請說謝謝。發自內心道謝。表揚該獲得表揚的人。大家都喜歡化鼓勵為動力。

6. **分享**。把你最愛的書借出去，分享你喜歡的餅乾食譜，常用電子郵件寄出可愛狗狗的照片，說一個有趣的故事或笑話。散播歡樂就是這麼簡單，先從分享自己喜歡的東西開始。這也是《歐普拉的最愛特輯》（*Oprah's Favorite Things*）的節目初衷，不是嗎？

致謝

親友名單：

傑伊．波曼（Jay Berman）、歐加．瑞佐（Olga Rizzo）、路易斯．瑞佐（Louis Rizzo）

恩師名單：

凱西．克雷恩（Cathy Krein）、布蘭達．奈特（Brenda Knight）、瑞塔．羅森克朗茲（Rita Rosenkranz）、貝絲．葛羅斯曼（Beth Grossman）、曼尼．阿爾瓦瑞茲醫師（Dr. Manny Alvarez）

密友名單：

泰瑞．翠斯皮奇歐（Terri Trespicio）、妮可．費德曼（Nicole Feldman）、麗莎．洛加羅．沙維茲（Lisa Logallo Chavez）

妮可・邁瑟巴克（Nicole Meiselbach）、卡洛琳・萊利（Carolyn Reilly）、米雪兒・萊利（Michele Reilly）、珍妮佛・沃許（Jennifer Walsh）、潔西卡・莫維希爾（Jessica Mulvihill）、雪倫・哈瑟里格（Sharon Hazelrigg）

「腦力激盪／請教對象／寫作夥伴」名單：

珍恩・路奇亞尼（Jene Luciani）、艾蜜莉・里伯特（Emily Leibert）、艾莉卡・凱茨（Erika Katz）、妲希・羅文（Darcie Rowan）、瑪莉・藍格（Mary Lengle）、夏伊薩・沙敏（Shaiza Shamim）

我的清單酒聚社團成員

協助本書寫作的實習生名單：

凱拉・艾爾曼（Kayla Ellman）、馬修・浩特曼（Matthew Hauptman）、歐德拉・馬汀（Audra Martin）、伊莎貝爾・邁可拉（Isabel McCullough）、尼可・洛爾・吉耶特（Nicole Rouyer Guillet）

凱特琳・史考特（Caitlin Scott）、艾琳・史考特（Erin Scott）

娛樂清單：

《黃金女郎》影集（The Golden Girls）、《*Real Simple*》雜誌、Netflix、Pandora網路電台、Papyrus、KnockKockStuff.com和Kate's Paperie的漂亮筆記本、灰皮諾葡萄酒（Pinot Grigio）

繆思清單：

歐普拉、主播芭芭拉・華特斯（Barbara Walters）、我的祖父保羅・里佐（Paul Rizzo），他當過二十五年的書籍裝訂師，在他的薰陶下，我對書本充滿愛與尊敬。

- [ ]
- [ ]
- [ ]
- [ ]
- [ ]
- [ ]
- [ ]
- [ ]
- [ ]
- [ ]
- [ ]
- [ ]
- [ ]
- [ ]
- [ ]
- [ ]

- [ ]
- [ ]
- [ ]
- [ ]
- [ ]
- [ ]
- [ ]
- [ ]
- [ ]
- [ ]
- [ ]
- [ ]
- [ ]
- [ ]
- [ ]
- [ ]

☐

☐

☐

☐

☐

☐

☐

☐

☐

☐

☐

☐

☐

☐

☐

☐

- [ ]
- [ ]
- [ ]
- [ ]
- [ ]
- [ ]
- [ ]
- [ ]
- [ ]
- [ ]
- [ ]
- [ ]
- [ ]
- [ ]
- [ ]
- [ ]

☐

☐

☐

☐

☐

☐

☐

☐

☐

☐

☐

☐

☐

☐

☐

☐

- [ ]
- [ ]
- [ ]
- [ ]
- [ ]
- [ ]
- [ ]
- [ ]
- [ ]
- [ ]
- [ ]
- [ ]
- [ ]
- [ ]
- [ ]
- [ ]

- [ ]
- [ ]
- [ ]
- [ ]
- [ ]
- [ ]
- [ ]
- [ ]
- [ ]
- [ ]
- [ ]
- [ ]
- [ ]
- [ ]
- [ ]
- [ ]

- [ ]
- [ ]
- [ ]
- [ ]
- [ ]
- [ ]
- [ ]
- [ ]
- [ ]
- [ ]
- [ ]
- [ ]
- [ ]
- [ ]
- [ ]
- [ ]

高效人生的清單整理術：
一張清單做完所有事，工作、生活、理財通通搞定
Listful Thinking: Using Lists to Be More Productive, Successful and Less Stressed

作者　寶拉・里佐（Paula Rizzo）
譯者　駱香潔
商周集團榮譽發行人　金惟純
商周集團執行長　郭奕伶
視覺顧問　陳栩椿

商業周刊出版部
總編輯　余幸娟
責任編輯　潘玫均
封面設計　Javick工作室
內頁排版　点泛視覺設計工作室
出版發行　城邦文化事業股份有限公司 商業周刊
地址　104台北市中山區民生東路二段141號4樓
傳真服務　（02）2503-6989
劃撥帳號　50003033
戶名　英屬蓋曼群島商家庭傳媒股份有限公司城邦分公司
網站　www.businessweekly.com.tw
香港發行所　城邦（香港）出版集團有限公司
香港灣仔駱克道193號東超商業中心1樓
電話：(852)25086231　傳真：(852)25789337
E-mail：hkcite@biznetvigator.com

製版印刷　鴻柏印刷事業股份有限公司
總經銷　聯合發行股份有限公司　電話：(02) 2917-8022
初版1刷　2021年6月
定價　380元
ISBN　978-986-5519-50-6

國家圖書館出版品預行編目(CIP)資料

高效人生的清單整理術：一張清單做完所有事，工作、生活、理財通通搞定/寶拉.里佐(Paula Rizzo)著；駱香潔譯. -- 初版. -- 臺北市：城邦文化事業股份有限公司, 商業周刊, 2021.06

面； 公分. -- (藍學堂；138)

譯自：Listful thinking : using lists to be more productive,successful and less stressed

ISBN 978-986-5519-50-6(平裝)

1.職場成功法 2.時間管理 3.工作效率

494.35 110006838

藍學堂

學習・奇趣・輕鬆讀